사계절 기억책

<일러두기>

* 생물종 학명은 환경부 국립생물자원관이 배포한 '2022 국가생물종목록(National List of Species of Korea, 2022)'을 따라 표기했습니다. 명명자와 명명년도는 생략했습니다. 자세한 내용은 국가생물다양성 정보공유체계 사이트(kbr.go.kr)에서 확인할 수 있습니다.

* '2022 국가생물종목록'에 없는 생물종은 한국 외래생물 정보시스템(kias.nie.re.kr)을 참고해 표기했습니다.

사계절 기억책

최원형 글·그림

자연의 다정한 목격자 최원형의
사라지는 사계에 대한 기록

블랙피쉬
Black Fish

차 례

능소화가 핀 여름

감나무 단풍이 아름다운 가을

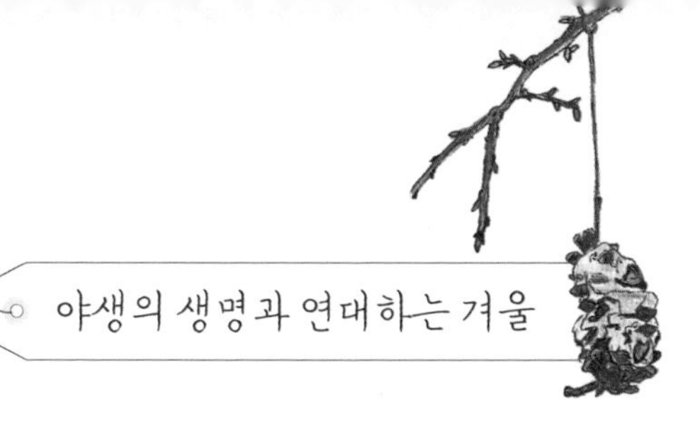

야생의 생명과 연대하는 겨울

시작하는 글

그림으로 말하고 싶은 사계절 자연 이야기

나는 왜 그릴까? 이 책을 출간하자는 제안을 몇몇 출판사에서 받고 가장 먼저 떠올랐던 건 '과연 이게 책이 될 수 있을까'였다. 어쭙잖은 실력인 데다 애당초 그림을 그리기 시작할 무렵부터 그냥 그리고 싶어서 그린 것뿐이었다. 그렇다면 나는 왜 그림을 그리고자 했을까? 스스로에게 물어도 똑떨어지는 대답은 나오지 않았다. 글 쓰는 일이 주업인 내가 왜 언제부터 그림이 그리고 싶어졌는지 끄적인 흔적을 거슬러 올라가 봤다. 대체 무엇을 그리려 했는지를 찾으려.

전화 통화를 하면서 한 손으로는 그림을 그리고 있었다. 이어폰을 꽂으면 두 손이 자유로우니 가뜩이나 산만한 나는 노는 손을 가만두지 못했다. 평소에는 낙서에 그치는데 그날따라 책상 앞에 붙여둔 그림이 눈에 들어왔다. 상모솔새 그림이었다. 나는 책상 위에 펼쳐놓은 다이어리에 상모솔새를 그려나가기 시작했다. 새를 그린 게 그때가 처음이었다. 꼭 그걸 그려야겠다는 생각보다는 아마도 통화가 길어질 것 같아서 그 사이에 할 딴짓을 찾았다는 게 더 적절했을 듯싶다. 순전히 킬링 타임용이었지만 결과는 기대 이상이었다. 색연필로 색칠까지 마치고 나니 자신감이 조금 생겼다. 그게 내가 새를 그려볼까 하는 마음을 낸 시작이었던 것 같다. 새를 가까이에서 관찰하기 시작하면서부터 나는 새를 그려 보고 싶었나 보다.

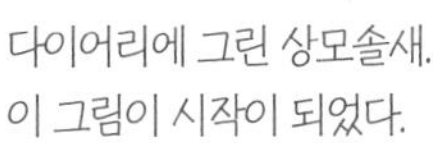

다이어리에 그린 상모솔새.
이 그림이 시작이 되었다.

앞뒤로 온통 아파트밖에 볼 수 없는 곳에서 내내 살다가 거실에서 온통 숲만 보이는 집으로 이사를 했다. 이 집을 처음 보러 왔을 때 집이 나를 품어주는 느낌을 받았다. 이사를 망설일 이유가 없었다. 아예 거실에 책상을 하나 더 두고는 글을 쓰다가도 베란다 모이대에 찾아오는 새들을 구경할 수 있는 우리 집. 하늘에 연처럼 나는 큰말똥가리를 발견하면 책상 위에 둔 쌍안경을 들고는 창가로 달려가는 곳, 달빛의 아름다움을 알게 된 곳, 숲의 1년을 비로소 느낄 수 있게 된 곳. 이런 곳이 우리 집이라니 생각할수록 고마운 일이다.

이사하고 며칠 지나지 않아 베란다 밖에 있는 화분 거치대에 모이대를 마련했다. 그렇게 새 관찰을 시작했다. 주로 오는 새는 참새와 직박구리, 멧비둘기다. 어치와 물까치, 까마귀가 더러 찾아오며 박새는 어쩌다 찾아오고 황조롱이도 몇 번 왔다. 내다보이는 숲에는 훨씬 많은 새가 오고 가며 살아간다. 해마다 여름이면 꾀꼬리가, 파랑새가 찾아온다. 대략 어디쯤에 둥지를 트는지 이젠 짐작이 가능하다. 딱따구리 숲도 있다. 관찰한 지 3년쯤 되었을 때 어떤 자리에서 참새를 관찰한 이야기를 발표할 기회가 있었다. 어지간한 새는 다 봤을 탐조인들이 주를 이룬 자리였는데 나는 고작 '참새' 이야기나 하고 있으니 그들에게 어떻게 들렸을지 모르겠다. 그렇지만 내게 참새는 너무나 고마운 새다. 너무 흔해서 오히려 아는 게 적었던 참새를 통해 새에 관한 기본 지식을 많이 배울 수 있었으니까.

새를 관찰할수록 지식을 넘어 지혜의 싹이 조금씩 자라는 느낌을 받는다. 나는 먼 곳으로 새를 보러 다니기보단 주로 주변의 새들을 만난다. 새가 궁금하면 찾아볼 수 있는 정보가 차고 넘치는 세상이라 이렇게 한번 눈을 뜨니 얼마나 많은 새와 함께 살고 있는지도 알게 되었다. 새를 알고 나면 새가 둥지를 트는 나무와 숲이 귀하게 느껴진다. 새끼 새를 기르는 과정을 보면서 곤충을 비롯한 온갖 생물과 무생물이 서로를 살아가게 만든다는 진리를 발견하기도 한다. 하루는 딸아이와 둘이 모이대에 올려둔 빵을 물어 가는 어치의 뒤를 창 너머로 좇다가 숲의 어느 나무 너머로 어치가 사라진 장면을 보면서 "누가 나무를 베려고 한다면 숲을 지킬 거야!"를 거의 동시에 합창하고 말았다.

지방 강연을 다닐 때는 그림을 그릴 노트를 가지고 다녔다. 기차를 타고 몇 시간을 꼼짝없이 앉아 있어야 할 때 그림을 그리다 보면 시간이 순식간에 지나갔다. 때론 잡념마저 사라져 명상의 시간이 될 때도 있었다. 이런 경험이 쌓이다 2022년 1월 29일, 날마다 그림을 그리겠다고 많은 이들이 보는 SNS에 선언해버렸다. 뱉은 말이니 이왕이면 지키고 싶었다. 내 인생에 단 한 번도 뭔가를 꾸준히 해본 적이 없었기에 오히려 도전해보고도 싶었다. 일단 '날마다 그림 그리기' 목표를 50일로 잡았다. 간신히 이루고 나니 100일도 가능하지 않을까 싶었다. 물론 귀찮고 힘든 일이 되면 언제든지 때려치울 수 있다는 생각은 늘 있었다. 그런데 이렇게 100일이 지나고 1년을 넘기도록 날마다 그리고 있다. 이제 내게 그린다는 것은 끼니를 해결하는 일과 다르지 않다. 정말 피곤한 날, 뭔고 마감에 쫓기느라 일분일초가 아쉬운 날에도 날마다 그렸다. 대체 나는 왜 그리는 걸까?

베아트릭스 포터의 〈피터 래빗〉 시리즈 영문판 세트가 집에 있다. 주로 감상용이다. 손바닥만 한 책을 펼치고 그림을 보는 시간은 얼마나 행복한지. 날마다 그림을 그려야겠다고 마음을 먹고도 무엇을 그릴지 말하기만 하던 어느 날 이 책을 펼쳐놓고 따라 그려봤다. 그러다 그림을 그리려는 이유가 조금은 더 선명해졌다. 그리는 대상 너머에 있는 이야기를 하고 싶은 거였다. 평소 글과 강연을 통해 사람들과 나누는 주제가 에너지, 기후, 소비, 자원순환 같은 것들이다 보니 부정적인 이야기를 훨씬 많이 하게 된다. 오늘날 수많은 환경문제는 생태계를 망가뜨리면

베아트릭스 포터의 〈피터 래빗〉을 보고 따라 그린 그림.
균류를 연구하는 과학자이자 작가,
자연주의자였던 그의 삶을 닮고 싶었다.

서 비롯되었는데 이런 본질적인 생태 이야기를 할 기회가 늘 부족했다. 본래 나무와 숲을 공부하면서 이 분야에 발을 들이게 되었던 나는 환경 문제를 이야기할 때도 자연 본연의 이야기와 균형을 맞추고 싶었는데 그 마음이 그림으로 드러난 게 아닐까?

그림 한 장이 천 마디 말과 같다고 할 만큼 그림은 직관적이다. 그림을 보다가 그에 얽힌 이야기가 궁금해졌을 때 더 자세한 내용을 찾아 읽으면 된다. 그렇게 사람들의 눈길을 끌어 더 이야기할 기회를 포착할 수 있다는 게 내가 그림을 그리는 이유다. 〈피터 래빗〉 시리즈를 여러 장 그리면서 베아트릭스 포터의 삶을 닮고 싶었던 예전 생각이 떠올랐다. 많은 캐릭터를 창조하고 이야기를 지어내면서 그의 삶을 관통한 건 자연 보전이었다. 내셔널트러스트는 역사적인 건축물, 정원 및 풍경을 보존하는 일을 하는 시민단체인데 이 단체가 세계인들의 관심을 갖게 된 배경에 베아트릭스 포터가 있다. 포터는 영국 내셔널트러스트의 초기 회원이었고 출판한 인세로 영국 북서부 지역인 레이크 디스트릭트의 토지를 구입해서 보존했다. 그뿐만 아니라 자연 보전을 실천하면서 평생 모은 재산을 사후에 영국 내셔널트러스트에 기증했다. 포터는 작가이자 일러스트레이터 그리고 자연주의자였고 균류에 관심이 많아 평생 균류를 연구하는 과학자로 살았다. 아름다운 삽화와 매력적인 이야기가 가득한 포터의 〈피터 래빗〉 시리즈는 지금까지도 사랑받는 어린이 문학의 고전이다. 포터가 남긴 각양각색의 이야기와 자연 세계에 대한 그녀의 헌신은 오늘날 많은 이에게 계속해서 영감을 주고 있다. 〈피터 래빗〉 시리즈를 '날마다 그림 그리기' 초반부에 따라 그려본 건 우연이 아니었다고 믿는다.

날마다 만나는 그 어떤 사물이든 내게 내재돼 있는 이야기와 만나 스파크가 일면 그날의 그림 소재로 간택된다. 대상이 정해지면 관찰을 시작한다. 하루에 한 장씩 그림을 완성할 때는 너무 바빴다. 주로 하루 일과를 마친 저녁 9시에서 10시 무렵 그림을 그리기 시작했는데 그러다 보니 그림을 그리는 데 고작 1시간 정도밖에 할애할 수 없었다. 빨리 그려야 하니 복잡한 그림을 자꾸 피하게 됐다. 점점 시간에 쫓겨 그림 그리느라 행복했던 시간은 압박으로 바뀌기 시작했다. 해서 생각해낸 게 '여러 날 그리기'였다. 스케치로 하루, 채색으로 며칠을 그릴 수도 있다. 이렇게 여유가 생기니까 그리는 즐거움도 되찾을 수 있었다. 그리고 싶은 게 너무 많아 어느 날은 무엇을 고를까 망설일 때도 있다. 어떤 날은 그리고 싶은 게 무엇인지, 떠오르지 않아 또다시 원론적인 고민을 한다. 나는 왜 그리려는 걸까?

호모 사피엔스가 아직까진 지구의 영웅처럼 비춰진다. 지구뿐만 아니라 이젠 스페이스X를 꾸려 화성을 비롯한 우주 정복의 꿈도 꾸고 있다. 승리에 도취되어 언제까지 새로운 승리를 부를 수 있을까? 인공물로 둘러싸인 도시에서 살며 자연과 우리는 너무 오래 멀어졌다. 눈에서 멀어지니 마음마저 멀어진 거다. 다시 눈 가까이 자연을 불러들일 방법을 찾아야 하지 않을까? 그림과 그림에 담긴 이야기를 쓰고 책으로 묶으면서 생긴 내 바람은 오직 하나, 사람들이 자연의 이야기에 귀와 눈을 조금씩 열었으면!

오늘 하루도 자연의 이야기에 귀 기울여본다. 나는 내일도 그릴 것이다.

달빛 아름다운 우리 집에서

최원형

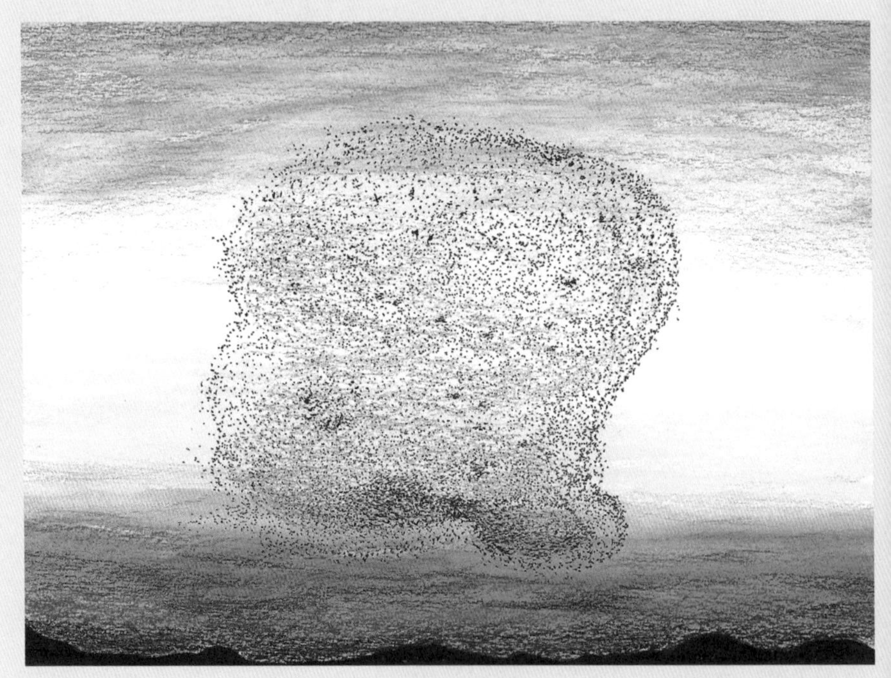

가창오리 군무.

입춘을 품은 겨울

동지를 지나고 낮이 조금씩 길어지지만
대지를 덥히기엔 아직 이른 겨울.
그렇지만 입춘을 품고 있기에 희망인 겨울.
지난봄 온기를 품었을 둥지는 텅 빈 채
서리를 몇 번이나 맞았을까?
겨울눈이 품고 있을 떠들썩한 봄이 궁금해지는 겨울이다.

조류는 솜씨 좋은 건축가

개개비 | 학명 *Acrocephalus orientalis*

참새목 휘파람새과에 속하는 조류.
한국에는 5월경부터 날아들며
여름이면 갈대밭에서 갸갸갹 갸갸갸각 온몸으로 노래한다.
새소리가 이름이 된 여름 철새.

개개비 둥지.
온기가 사라진 지 오래된 빈 둥지 위로
낙엽이 한 장
살포시 덮여 있다.

—

작은할아버지는 목수였다. 초등학교 2학년 여름방학에 우리는 새집으로 이사를 했는데 그 집을 작은할아버지가 지으셨다. 나무로 집 뼈대를 세우고 상량식을 하고 벽돌을 쌓고 기와를 올리던 일이 띄엄띄엄 떠오른다. 일하던 사람들이 바닥에 둘러앉아 새참을 먹던 일도 기억난다. 부모님은 집을 두 번 지으셨는데 두 번째 집은 작은할아버지가 돌아가신 후라 다른 사람이 지었다. 철근콘크리트로 지은 2층 양옥이었는데 그 집도 상량식을 했다. 두 번째 집이 완공되고 이사하던 날 아버지는 당신이 어렸을 때 부친(내 할아버지)을 도와 집 짓던 이야기를 들려주셨다. 내 기억에 할아버지 댁은 사랑채까지 있는 꽤 너른 집이었는데 그 집을 식구들끼리 지었다는 게 놀라웠다. 예전에는 그렇게 다들 자기가 살 집을 스스로 짓고 살았다. 그러나 기술의 진보는 손을 거세시켜 버렸다. 의식주를 비롯한 삶 전반이 자본으로 대체된 시대 아닌가. 그러니 집을 짓고 살았다는 사실조차 망각하고 지냈다.

오래전 기억이 떠오른 건 새 둥지를 발견하면서였다. 새 둥지는 우리의 집과는 개념이 좀 다르다. 인간에게 집이 일생 동안 삶을 영위하는 터전이라면 새에게 둥지는 번식기에만 필요한 공간이다. 새 종류에 따라 다르겠지만 새가 알을 낳아 품고 그 알에서 부화한 새끼 새들이 독립할 때까지 대체로 두 달 남짓 걸린다.

나뭇잎이 없는 겨울 숲이어서 잘 보이는 게 있다. 겨울은 나무마다 제각각 모양으로 잎과 꽃을 품고 있는 겨울눈을 가장 확실하게 관찰할 수 있는 때다. 밝은 연둣빛 유리산 누에나방 고치가 돋보이는 때가 겨울이다. 운수 좋은 날이라면 휑뎅그렁해진 덤불 속에서 보물을 찾을 수도 있다. 산책을 자주 다니는 길가 덤불로 오목눈이며 붉은머리오목눈이, 참새처럼 작은 새들이 자주 들락거리곤 했다. 어느 겨울날 그 덤불을 우연히 들여다보다가 우거진 잎에 가려 보이지 않던 그곳에서 밥그릇처럼 생긴 둥지 하나를 발견했다. 오가는 사람들 발자

봄을 기다리는 겨울눈.
왼쪽은 개나리 겨울눈, 오른쪽은 생강나무 겨울눈이다.

국 소리에 새는 얼마나 조마조마한 마음으로 둥지를 엮고 새끼를 길러냈을지 안쓰러운 마음이 먼저 들었다. 마른 풀을 나무줄기에 단단히 엮어 가며 야무지게 만든 솜씨가 놀라웠다. 인간이 도구를 사용할 수 있어서 뛰어나다고 하지만 갈수록 인류는 손의 쓰임새를 잃어가는데 새는 부리 하나로 그토록 멋진 둥지를 만드는 걸 보면 우월의 잣대는 기준에 따라 유연하다고 할 수밖에 없다.

둥지를 지으려 털을 물고 있는 박새.

다양한 새 둥지를 알아갈수록 조류는 세상에서 제일가는 건축가라는 생각이 든다. 베짜기새는 베를 짜듯이 풀을 엮어 둥지를 만든다. 종류에 따라 조금씩 다르겠지만 여러 새들이 같은 공간에서 각자 둥지를 지으며 따로 또 같이 협력하며 생존한다. 재봉새는 잎사귀 가장자리에 뾰족한 부리를 바늘 삼아 구멍을 뚫고는 구해 온 식물섬유나 거미줄을 구멍 사이로 통과시키며 바느질해서 잎을 붙인다. 이렇게 붙인 잎이 둥지는 아니고 그 안에다 풀잎 등을 이용해 실제 둥지를 만든다. 천적의 눈을 피하기 위한 과정이다. 유튜브에서 재봉새를 검색하면 바느질하는 새를 볼 수 있다. 남태평양의 뉴기니섬에 주로 사는 바우어새는 멋진 건축에 인테리어까지 하는 새로 유명하다. 전 세계에 20종가량 있는데 종마다 둥지를 짓는 재료도 모양도 다르다. 바우어새 둥지는 새끼를 기르는 공간이 아니라 짝짓기할 암컷의 환심을 사기 위한 수단이다. 둥지 주위를 열매, 버섯, 나뭇가지, 꽃 등으로 장식하는데 새마다 선호하는 색깔도 있다. 인류 사회에 쓰레기가 넘쳐나기 시작하면서 이런 장식품은 페트 뚜껑, 코크 캔, 플라스틱, 비닐봉지 등으로 대체되기 시작했다. 이 과정에서 병 고리에 새 부리나 머리가 끼는 일이 벌어지기도 한다.

모든 새가 이토록 멋지고 야무진 둥지를 짓는 건 아니다. 비둘기 둥지는 둥지가 맞는지 의심스러울 정도로 허술하다. 가끔 알이 굴러 떨어질 정도로 대충 짓는다. 참새는 빈 공간에다 마른 풀이며 구할 수 있는 재료를 마구 욱여넣어 둥지를 만든다. 그런데 생각해보면 '야무지다, 허술하다'는 기준은 인간의 관점일 뿐이다. 새들의 생존 방법을 가장 잘 아는 주체는 새다. 그들은 최소한의 에너지를 들여 최대 효과를 얻을 그 지점에서 둥지를 짓는 마지노선을 결정하는 게 아닐까? 어떤 둥지든 한때 그곳은 생명을 품고 길러낸 장소였다는 것은 변할 수 없는 사실이다.

여름이면 갈대밭에서 갸갸갹 갸갸갸각 온몸으로 노래하는 새가 있다. 새소리가 이름이 된 여름 철새 개개비다. 요란한 소리에 비해 몸집은 그저 참새보다 살짝 큰 정도로 생각보다 작았다. 갈대 사이에서 빈 개개비 둥지를 본 적이 있다. 개개비는 대체 그 둥지에서 몇 개의 알을 품고 새끼를 길러냈을까? 새봄이면 그 둥지에 다시 온기가 깃들까? 그 무엇도 확실한 건 없다. 온기가 사라진 지 오래된 빈 둥지 위로 낙엽이 한 장 살포시 덮여 있다. 지금 주인은 부재중이라 말하는 듯.

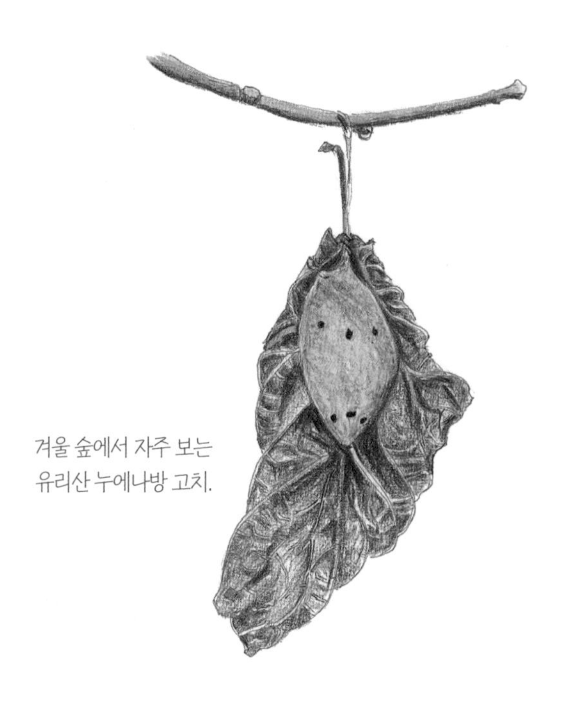

겨울 숲에서 자주 보는
유리산 누에나방 고치.

새들을 위해 전깃줄을 없앤 도시, 순천

흑두루미 | 학명 ***Grus monacha***

순천만에 월동하러 오는 겨울 철새.
그 수가 어마어마하다.

순천에 다녀오면서 순천만 습지를 못 보고 오면 그리운 친구를 못 만나고 온 듯 서운하다. 새천년이 막 시작되던 무렵이었다. 우리나라에 가본 곳이 너무 없다는 걸 깨닫고 국내 여행을 시작하면서 갔던 첫 지역이 순천이다. 순천을 1번으로 정했던 이유는 송광사가 그곳에 있어서였다. 우리나라 고찰이 있는 곳은 대체로 풍광이 멋지지만 사진으로 본 송광사는 특히 더 그랬다. 당시 순천은 KTX가 개통되기 전이라 무척 멀었다. 우리 가족은 서울에서 순천까지 새마을호를 타고 순천역에 내려서는 차를 렌트해서 여행했다. 구경할 곳을 미리 계획하고 갔지만 순천에 도착해서 여행지를 더 추가할 생각이었다. 그 지역 지리에 가장 밝을 택시 기사를 만나면 물어보곤 했는데 그때마다 돌아오는 대답은 '여기 볼 게 뭐 있다고?'였다. 당황스럽기도 했지만

해마다 겨울이면 수천 마리의 흑두루미가 찾아오는 순천만 습지.

기대치가 낮아지니 가는 곳마다 기대 이상이었다.

내가 다시 순천을 찾게 된 건 2019년 순천시의 '한 도시 한 책'에 내 책 《세상은 보이지 않는 끈으로 연결되어 있다》가 선정되면서였다. 순천만 습지를 제대로 알게 된 것도 그 무렵이었다. 이제 순천은 서울에서 2시간 반이면 가 닿는다. 마음의 거리는 훨씬 가깝다. '대한민국 생태 수도'를 지향하는 순천시는 순천만 습지를 보유하고 있다는 사실만으로도 생태 수도라 불릴 만하다.

전깃줄은 경관을 해친다. 그뿐만 아니라 흑두루미나 독수리처럼 큰 새들은 전깃줄에 걸려 날개를 다치기도 한다. 생존에 필수인 날개를 다친 새는 결국 도태되니 새들에게 전깃줄은 위협일 수밖에 없다. 새들을 위해 이런 전깃줄을 없앤 첫 지역이 순천시다. 2009년 4월 순천시는 순천만 주변 농경지에 있는 전봇대를 뽑아버리고 그 들판에 흑두루미 모양으로 벼를 심어 경관 농업을 시작했다. 농사를 짓기 위해서는 전기가 필요한데 전봇대를 뽑자고 하니 농민들이 순순히 동의했을 리 없다. 한국전력조차 전봇대 철거를 거부하자 순천시와 순천만을 지키려는 사람들은 구체적인 계획을 세워 설득에 나섰다. 이렇게 해서 전봇대가 사라진 59헥타르에 이르는 들판은 철새 보호구역이 되었다. 그곳에서는 농약이나 제초제를 사용하지 않는 친환경 방식으로 농사지어 수확한 벼를 흑두루미 먹이로 공급한다. 흑두루미뿐만 아니라 찾아오는 어떤 새든 와서 쉴 수 있도록 무논 습지를 확보해서 새들에게 제공하고 있다. 순천 시민들은 새들이 겨우내 편히 지낼 수 있도록 불빛 차단 울타리와 차량 차단막을 설치하여 잠자리며 먹이터를 마련해주었다.

겨울에 순천만 습지를 찾으면 끼룩끼룩 흑두루미 합창이 먼저 마중 나온다. 해마다 겨울이면 수천 마리 흑두루미가 찾아오는 걸 보니 지구 전역에 순천만 습지가 핫 플레이스로 소문이 난 게 틀림없다. 흑두루미가 먹고 남긴 벼는 '흑두루미 쌀'로 판매를 한 뒤 수익금은 다시 흑두루미 보전 사업에 쓰인다. 농민들이 흑두루미에게 허락한 공간은 보전의 대가로 순천시가 보상하고 있다. 전봇대에 이어 순천시는 사람들이 드나들며 교란의 원인이 되는 비닐하우스도 철거할 예정이다. 왜 흑두루미만 극진히 대접하냐 생각할 수 있지만 흑두루미는 생태계의 '우산종'* 이다. 흑두루미가 잘 살 수 있는 서식 환경은 다른 종도 함께 보존하는 효과를 가져오니 기준을 흑두루미에 맞춘 셈

* 우산종(Umbrella species)은 특정 생태계 먹이사슬의 최상층에 있는 종으로, 해당 종에 대한 보전 노력을 통해 그 종이 속한 생태계 내 하위의 많은 생물종까지 보호 및 보전할 수 있는 경우를 지칭한다.

이다. 역지사지의 마음에다 공생의 마음까지 스며든 공간이 순천만 습지다. 보통 이런 생각을 이야기하면 이상주의자라며 정신 차리라는 소리 듣기 딱 좋은데 그런 비현실적인 일이 실현된 순천만 습지니 어떻게 그립지 않을 수 있을까?

순천만 습지와 바다를 한눈에 조망하고 싶을 땐 순천만 용산 전망대에 오른다. 시간과 날씨가 만들어낸 예술은 단 한순간도 같은 모습이 없고 그 어떤 순간도 아름답지 않을 때가 없다. 그런 순천만에도 한때 간척을 시도하면서 쌓은 제방이 있다. 주변과 조화롭지 못한 제방은 풍경에 이물감을 주었고 사람들은 자연과 동화시킬 방법으로 제방 너머에 갯벌을 조성했다. 그러자 흉물스럽던 그곳은 농게의 서식지가 되었다. 자연의 회복력은 놀랍다. 순천만 습지를 가득 채운 갈대밭을 들여다보면 숭숭 뚫린 구멍을 어렵지 않게 발견할 수 있다. 농게의 흔적이다. 눈으로 보지 않아도 그곳에 농게가 있다는 상상만으로도 사랑스럽다.

순천만 습지는 동천 하구와 닿아 있다. 순천시를 동서로 가로질러 동천이 흐르고 그곳에는 새와 버드나무와 물고기 같은 다양한 목숨붙이가 살아간다. 습지가 건강하려면 유입되는 동천부터 생태적이

어야 한다. 하지만 오래전부터 천변을 농지로 개간해서 벼농사를 지어온 농민들은 천변에 갈대가 자라자 이를 없애려 매년 독성 강한 제초제를 사용했고 이것이 오염으로 이어졌다. 하천 생태계를 되살리기 위해선 정비 작업이 필요했다. 이 과정이 모두에게 만족스러울 수 없겠지만 순천시와 지역 주민들은 협력했다. 이런 노력으로 2018년 순천시는 우리나라 최초로 람사르협약당사국총회에서 '람사르 습지 도시'로 선정되었다.

나는 계절마다 순천 용산 전망대를 찾았다. 해 뜰 때부터 한낮, 해 질 녘까지 다 가봤는데 어느 날 해가 완전히 지고 깜깜해진 그곳이 궁금해졌다. 2022년 겨울, 사람들 발걸음이 끊긴 순천만 습지를 다시 만나러 갔다. 해가 뉘엿뉘엿 질 무렵 나는 용산 전망대를 부지런히 올랐다. 애당초 도착이 늦은 데다 일몰을 보려는 욕심도 있었다. 그날은 겨울 날씨답지 않게 포근한 데다 쾌청했다. 붉은 노을이 그려내는 멋진 풍경은 할 말을 잃게 했다. 해가 넘어가고도 붉은 여운은 꽤 오래도록 서쪽 하늘을 물들였다. 그 빛에 의존해 전망대를 내려와 발걸음을 재촉하다가 문득 걸음을 멈췄더랬다. 갈대숲에서 움직임이 감지되었기 때문이다. 붉은머리오목눈이들이 토독토독 몰려다니며 가는 다리로 갈대 줄기를 붙잡고 저녁 끼니를 해결하고 있었다. 멈춰야 비로소 보이는 생명들이었다. 바로 그 순간 느닷없이 머리 위로 자전거 페달을 밟는 듯한 소리가 들렸다. 고개를 들어 보니 잠자러 가는 오리 떼였다. 지나가면 또 오고 지나가면 또 오는 무리의 이동은 한동안 계속되었다. 서산 붉은빛은 스러지고 사위가 어둑해진 그 시각에 온전히 순천만과 하나 되는 경험을 했다. 살아오면서 가장 멋진 선물을 받은 날이었다.

이토록 예술적으로 사과를 먹는 새라니

직박구리 | 학명 *Microscelis amaurotis*

참새목 직박구리과에 속한 조류로 우리나라에서 흔히 볼 수 있는 텃새지만
한국, 일본, 대만, 필리핀 북부에 한정해서 분포한다.
번식기에는 곤충을 비번식기에는 나무 열매를 즐겨 먹고
땅에 내려와 배추, 시금치 등 채소도 즐겨 먹는다.

직박구리가
부리로 사과를 쪼아 먹는 모습이
마치 내게는
뛰어난 조각가의 예술 작업처럼 느껴진다.

—

기온이 뚝 떨어진 날이면 동이 트기 전에 모이를 수북이 담은 컵과 물병을 챙겨 들고 모이대가 있는 베란다 창가로 간다. 밤새 추위에 떨었을 새들이 눈뜨자마자 날아올 텐데 모이대마저 썰렁하면 더 추울 것만 같아서. 창을 열고 모이대에 있는 물그릇부터 확인한 뒤 모이그릇을 채운다. 물이 얼어 있으면 '겨울이니까 춥겠지', 가운데가 볼록 위로 솟을 정도로 얼어 있으면 '많이 춥겠구나, 우리 새들. 밤새 잘 잤을까?' 염려한다. 살얼음이 있으면 다행이다 싶고 물이 얼지 않았다면 날짜부터 살피게 된다. 입춘이 멀지 않았다면 '이제 곧 따스한 봄날이겠네' 하고, 아직 소한, 대한 거쳐야 할 절기가 남았다면 기후위기를 걱정한다. 겨울에는 대체로 물이 어니 물그릇이 있어봤자 새들에겐 별 도움이 안 된다. 눈이라도 쌓이면 야생동물들은 눈으로 수분을 보충할 텐데, 눈 보기가 점점 어려워지니 물 부족이 생사를 결정짓기도 한다.

연일 한파로 물그릇에 물이 꽝꽝 언 채 며칠이고 있는 걸 보다가 자동차 부동액처럼 어는점을 낮출 만한 게 뭐가 있을까 생각했다. 바다가 잘 얼지 않는 까닭이 염분 때문인데 새들이 먹을 물에 소금을 넣을 수는 없고 해서 생각해낸 게 설탕물이었다. 설탕물은 소금물보다 농도가 더 높아야 어는점을 내릴 수 있어서 진한 설탕물을 타서 내놨다. 설탕물이 맹물보다는 덜 어는 것 같긴 했지만 어마어마하게 설탕을 들이부으면 모를까 큰 차이는 없어 보였다. 그런데 문제가 생겼다. 단맛을 좋아하는 직박구리가 설탕물을 알아본 것이다. 물그릇을 독차지하고는 창문에 튀겨가며 얼마나 먹어대는지 그 모습을 보고 웃다가 저렇게 먹어도 건강에 괜찮을지 슬슬 걱정되었다. 어느 날 기온이 뚝 떨어지자 설탕물도 얼었다. 직박구리가 아쉬워하겠네 했는데 웬걸, 부리로 얼음을 긁어가며 핥아먹고 있었다.

직박구리는 회갈색에 귀깃 부분이 붉은 갈색인 게 특징으로 영어 이름도 Brown-eared bulbul이다. 봄부터 가을까지는 우리 집 모이대에서 이 녀석을 거의 볼 수가 없다. 바깥에 먹을 게 지천으로 널렸기 때문이다. 직박구리가 보고 싶을 때면 모이대에 사과나 배 같은 과일을 미끼로 올려두는데 싱싱한 과일이 열리는 계절엔 어림도 없다. 그나마 먹을 게 다 떨어진 겨울이라야 내놓은 과일이 미끼 역할을 할 수 있다. 직박구리를 기다리는 이유 중에는 사과 먹는 모습이 보고 싶어서인 것도 있다. 부리로 쪼아서 먹는데 여기저기 쪼는 게 아니라 한두 군데에 집중하며 쪼기 시작해 아주 단정하게 먹는다. 온전한 사과는 금세 절반 크기가 되었다가 나중에는 씨앗이 든 부분만 남는다. 그 정도로 알뜰히 다 쪼아 먹는다(하지만 언젠가부터 직박구리가 먹어서 사과 크기가 어느 정도 작아지면 까마귀가 모이대에 와서는 불안한 착지를 한 상태로 남은 사과를 물고 간다. 꽂아둬도 빼 간다. 까마귀, 놀라워!). 이 과정이 내 눈에는 뛰어난 조각가의 예술 작업처럼 느껴진다. 두 손으로 정교한 도구를 사용하는 나보다 새들은 더 알뜰히 먹는다. 오직 부리로만. 쪼아 먹을 때 지켜보면 이따금 긴 혀로 부리를 핥는데 맛있게 먹는 그 모습이 얼마나 먹음직스럽던지 나도 사과를 하나 가져와 먹을 때도 있다. 집에 사과가 딱 하나 남은 날은 망설이다 반으로 갈라 직박구리와 나눠 먹는다.

직박구리가 쪼아 먹은 사과. 도구를 사용하는 나보다 더 알뜰하고 단정하게 먹는다.

어느 날 홍시 한 박스가 배달되었다. 식구 가운데 나만 홍시를 좋아하다 보니 그걸 다 먹을 수가 없어 새들과 나누기로 했다. 그날따라 서가 정리를 하느라 집 안의 책이 다 바닥에 내려와 있었다. 겨울이었지만 먼지가 날려 어쩔 수 없이 창을 열어놓고 책 정리를 하던 중이었는데 바깥에서 '오잉오잉' 소리가 들린다. '뭐지? 이거 익숙한 소린데 혹시?' 하며 거실 창가로 달려갔더니 물까치 한 마리가 홍시에 코를 박고 먹고 있었다. 물까치는 고운 물빛 깃에 까만 베레모를 쓴 것 같은 우아한 외모가 특징이다. 그냥 조용히 있을 때는 기품 있는 귀부인이 따로 없는데 떠들기 시작하면 세상에서 가장 시끄러운 수다쟁이로 돌변한다. 직박구리도 시끄럽고 물까치도 시끄럽고 두 녀석 모두 떼로 몰려다니는 데다 단맛 과일을 좋아하는 것까지 공통점이 많다. 그리고 두 새 모두 텃새이고 내가 좋아하는 새다. 그러고 보니 나도 수다스럽고 단맛 과일을 좋아한다.

홍시를 좋아하는 또 다른 새, 물까치!

새를 보기 시작하면서 '낮말은 새가 듣고 밤말은 쥐가 듣는다'는 속담을 더 신뢰하게 되었다. 말 정도가 아니라 내 일거수일투족을 새들이 다 알고 있는 것 같다는 생각이 들 정도다. 내가 모이대에 뭔가를 내놓으면 이를 먹을 수 있는 온갖 새들이 모여든다. 날마다 우리 집 모이대를 지켜보고 있는 게 아니라면 대체 어떻게 이럴 수가 있을까? 크기가 좀 큰 빵을 내놓으면 큰 덩치의 큰부리까마귀가 모이대에 불안하게 앉아서는 냉큼 물고 가거나 어치가 와서 가져간다. 해바라기씨나 땅콩을 내놓으면 큰 새들이 다 물어 가니 참새처럼 작은 새는 먹을 짬이 없다. 해서 일부는 잘게 다져 내놓다가 요새는 아예 분태 땅콩을 곡식에 섞어서 준다. 멧비둘기는 모이대에 한번 오면 끝을 볼 때까지 꿈쩍도 안 한다. 그럴 때는 다른 새들도 먹었으면 하는 마음에 눈치 없는 멧비둘기가 미워지기도 한다. (사람이든 동물이든 눈치가 있어야 한다.)

우리 아파트는 숲에 바싹 붙어 있다. 야생동물의 서식지를 밀어버리고 들어선 공간이니 내가 새들을 위해 모이를 챙기는 일은 내 의무이자 공간 사용료나 다름없다.

한반도 최상위 포식자

삵 | 학명 ***Prionailurus bengalensis***

식육목 고양이과. 털에 부정확한 반점이 있고 머리에서 두 눈 가운데를
지나는 암갈색 줄무늬가 특징. 털색은 회갈색이며 몸길이는 45~55cm,
꼬리는 25~32cm 정도다. '삵' 또는 '살쾡이'라 부른다.
환경부 지정 멸종위기 2급.

옹크린 채 잠자는 삵.
한반도 최상위 포식자라지만
야생동물로서의
신산한 삶에
애잔한 마음이 들었다.

—

이미 마음에 미움 한 자락 깔고 보는 동물이 있다. 단지 맹수라는 이유만으로 나쁜 동물이라는 편견을 갖기도 한다. 동물과 친해지기도 전에 편견부터 갖게 된 건 '호랑이와 곶감' 이야기가 처음이지 싶다. 어쩌면 '해님 달님'이었을지도. 옛이야기 속 호랑이는 물리쳐야 할 악이었다. 아이가 울음을 뚝 그칠 만큼 무섭고, 엄마를 잡아먹은 걸로도 부족해서 아기까지 오독오독 씹어 먹는 그런 무자비한 동물이었다. 비디오가 대세이던 시절 비디오테이프 불법 복제를 막기 위한 공익 광고의 시작 멘트는 '호환 마마'*였다. 서양에서는 늑대가 우리나라에서의 호랑이와 비슷한 취급을 받으며 어린이들에게 나쁜 동물의 이미지로 각인되어 있다. 나 역시 팔리 모왓의 《울지 않는 늑대》를 읽고서야 늑대에 가졌던 편견을 지웠다. 그나저나 왜 호랑이는 '호환'으로 명명될 정도로 인간과 갈등을 빚었을까? 수수께끼는 조선의 생태를 공부하면서 풀렸다.

* '호환'은 호랑이에게 화를 당한다는 뜻이고 '마마'는 천연두를 뜻하니, 이 두 말이 더해졌다는 건 호랑이에 대한 크나큰 공포심의 표현 아니었을까?

고려 시대와 달리 조선 시대에는 산림 개척이 활발하게 이루어졌다. 조선은 건국 초기부터 일부 지역만 봉산(나무 베는 것을 금지하던 산)으로 정해서 벌채나 화전을 금지했고 숲의 대부분을 민간인이 사용할 수 있도록 개방했다. 조선 이전까지 밭은 산자락에 있었고 습지와 무너미 땅 그리고 완만한 숲은 오랜 시간 야생동물의 번식지였다. 그런데 조선 건국 이후 인구가 급격히 늘어나면서 곡물 생산을 위해 더 넓은 농경지가 필요했고, 이에 작은 하천에 둑을 쌓아 논을 만들기 시작했다. 홍수 때면 물이 넘쳐흐르는 무너미 땅까지 농지로 편입되면서 물가를 좋아하던 호랑이를 비롯한 야생동물은 숲으로 밀려났다. 이것도 모자라 개간할 천변이 부족해지자 숲으로 농지를 확장하기 시작했다. 화전을 일구고 땔감과 목재를 가져오고 동물을 사냥하는 공간으로 숲을 이용하면서 사람과 동물 사이에 갈등이 벌어졌다. 게다가 호랑이 가죽이 임금에게 진상되거나 고가에 거래되며 호랑이 사냥이 성행했고, 이에 호랑이 개체 수는 급격히 줄어들었다. 서식지를 공유하면서 불거진 갈등이 호랑이에게 호환이라는 낙인을 찍은 게 아닐까 싶다.

사샤 스노우 감독의 다큐멘터리 〈사선에서Conflict Tiger〉에는 조선의 호랑이와 처지가 흡사한 호랑이들이 등장한다. 서식지를 잃은 호랑이와 인간과의 갈등이 그려지기 때문이다. 내용은 이렇다.

'러시아 극동 지역 숲에는 아직 호랑이가 살고 있다. 그런데 과도한 벌목으로 숲이 사라지면서 멧돼지며 사슴 등 호랑이 먹잇감도 급격히 줄어들고 있다. 호랑이는 살아남기 위해 먹이를 찾아 나서다 마을로 내려왔고 인간과 충돌하는 일이 빈번해지고 있다. 어미 호랑이가 굶주린 새끼들에게 먹이려고 마을의 개 한 마리를 물어 갔다. 그럼에도 새끼 두 마리는 굶주린 나머지 뻣뻣한 사체가 되어 발견된다. 인간이 파괴한 생태계가 결국 인간과 호랑이의 공유 면적을 넓히고 갈등을 부추기고 있다.'

모두가 살아남기 위해 먹이 경쟁을 벌이다 벼랑 끝으로 내몰리고 있다는 절박함이 압도해왔다. 호랑이가 먼저 내몰리지만 결국 인간도 그 뒤를 따를 수밖에 없지 않을까? 누가 누구에게 못된 짓을 한 걸까? 이걸 따지는 일은 의미 있는 일일까? 우리 문명을 작동시키는 거대 시스템의 문제를 이야기하지 않고는 그 어떤 것도 공허한 말잔치에 그치지 않을 것 같다. 현재 러시아 극동 지역의 야생에 남은 호랑이는 400마리가 채 되지 않는다고 한다. 천연두는 1977년 이후 지구에서 근절된 것으로 여겨지고 호랑이는 멸종위기종이다. 비디오테이프마저도 역사의 저편으로 사라졌으니 그렇다면 오늘날 우리에게 호환과 마마는 어떤 의미가 있을까?

딱 한 번 삵과 마주친 적이 있다. 산사에서 기르는 고양이라고 생각했는데 머리에 암갈색 줄무늬가 뚜렷한 삵이었다. 삵은 고양이과 동물로 한반도에서 호랑이, 표범, 스라소니와 함께 최상위 포식자다. 환경부는 나머지 세 동물을 공식적인 멸종으로 인정하지 않고 있지만 적어도 현재 남한에서는 사라진 걸로 보여 사실상 삵이 최상위 포식자인 셈이다. 다큐멘터리에서 삵이 사냥하는 장면을 본 적이 있는데 유연하고 민첩함을 따를 동물이 없어 보였다. 날아가는 새를 앞발로 낚아채고 높이 뛰다 착지하는 모습이며 사냥감에 조심스레 다가가는 장면이 맹수다웠다. 360도 열린 귀는 사냥감의 위치를 정확히 감지하고 발바닥은 스폰지마냥 부드러워 은밀하게 다가가기에 안성맞춤이다. 〈사선에서〉 속 큰 덩치의 호랑이는 덤불이 우거진 나무 사이를 지나가도 아무런 소리가 나지 않았다. 맹수의 기품은 이런 건가?

지인이 찍은 사진 속 삵은 몸을 웅숭그린 채 잠들어 있다. 2022년 여름 홍수로 갈대밭이 다 쓰러져 쑥대밭이 된 곳에 삵이 몸을 둥글게 말고 잠들어 있는데 뒤로 서리가 허옇게 내린 갈대 더미가 보인다. 신산한 야생의 삶이 느껴져 그림을 그리는 내내 애잔한 마음이었다. 삵도 배곯지 않았으면 좋겠고 삵의 먹이가 될 동물들도 잘 살았으면 좋겠으니 어쩌면 좋을까?

야생 방사된
수족관 고래의 삶

남방큰돌고래 | 학명 ***Tursiops aduncus***

참돌고래과. 수명은 40년 이상, 몸길이는 약 2.6m, 무게는 약 230kg.

2월 셋째 주 일요일은 세계 고래의 날이다.

등 쪽은 어두운 회색이고 배 쪽은 등 쪽보다 밝은 회색이다.
5~15마리씩 무리 지어 생활한다.
제주 연안에도 100여 마리가 서식하고 있다.

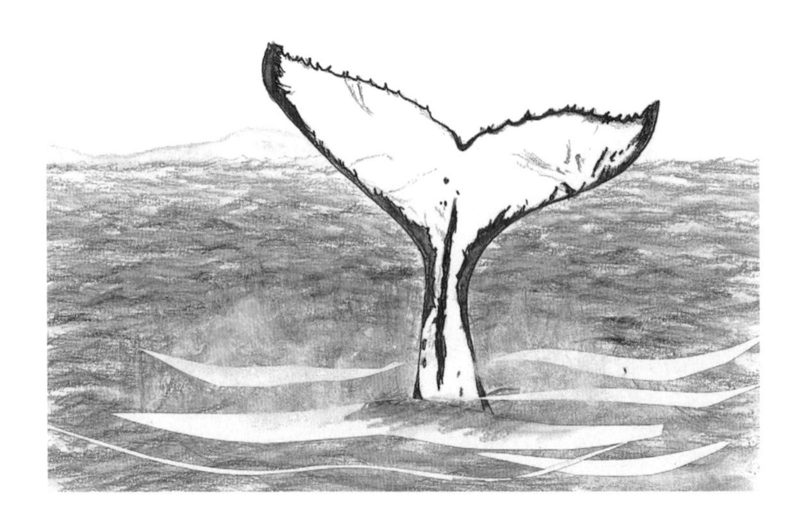

—

디디에 데냉크스 소설 《파리의 식인종》에는 1931년 파리의 식민지박람회에서 '인간 전시'에 동원됐던 남태평양 누벨칼레도니 선주민들의 불행한 이야기가 나온다. 동물처럼 우리에 갇혀 구경거리가 되다 살아 돌아온 사람 고세네의 분노를 통해 그들이 느꼈던 수치심이 고스란히 전해진다. 그런 수치심은 비단 인간만이 느낄 수 있는 것은 아닐 거라 생각한다. 인간의 욕망으로 발이 묶인 동물이 있어야 할 곳을 다시 생각해본다.

2023년 3월에 그랜트얼룩말 세로를 동물원 밖에서 만났다. 초원이 아닌 도로 위에 등장한 얼룩말 세로의 사연은 의인화되어 발이 달린 듯 퍼져나갔다. 도로 위에 그어진 횡단보도와 얼룩말 무늬가 묘하게 어울린다며 희화화되기도 했다. 만약 세로가 막다른 주택가 골목길이 아닌 차도를 계속 돌아다녔다면 세로는 무사히 동물원으로 살아 돌아올 수 있었을까? 주택가 골목길에서 흥분하던 얼룩말에게 사육사가 "세로~" 하고 이름을 부르자 차분해지던 모습, 마취총을 맞고 비틀거리다 쓰러지던 장면이 머릿속에서 며칠이고 떠나질 않았다. 아프리카 지도를 보면 대륙을 가로질러 적도가 지나는 위아래 지역은 초록이 가득하다. 열대우림도 있고 사바나 초원도 있는 바로 그 일대 그러니까 짐바브웨에서 수단에 이르는 지역 어딘가에 세로의 친척인 그랜트얼룩말들이 크고 작은 무리를 이루며 살아가고 있다. 그렇지만 무리를 이루며 살아가는 습성을 지닌 얼룩말 세로는 동물원에서 태어나 부모를 잃고 홀로 살아가고 있다. 동물원이라는 한정된 공간에서

얼룩말 세로.
동물원을 나와 처음 마주한
세상은 어떤 느낌이었을까?

동물들이 무리를 지어 살기란 쉽지 않고 공간을 확장하려면 예산 확보 등 현실적인 문제가 뒤따른다. 아니 애당초 가둔다는 생각에 문제는 배태돼 있었다.

탈출 사건 이후 세로를 보기 위해 동물원으로 찾아오는 사람들의 발길이 부쩍 늘었다는데 사람들이 정말 보고 싶은 건 무엇이었을까? 탈출했던 얼룩말에 대한 호기심도 있겠지만 연민의 마음이 담긴 안부가 궁금했던 건 아닐까? 그렇다면 세로는 그곳에서 안녕할 수 있을까? 안녕의 의미는 또 뭘까? 이상하지 않은가? 야생동물이 도심으로 내려오는 건 무조건 위협적인데 또 한편에서는 야생동물을 가둬놓고 전시를 한다는 이 아이러니가 말이다. 안전하게 가둬놓은 동물도 일단 탈출하게 되면 야생에서 출몰한 동물과 똑같이 위협적인 대상으로 지위가 바뀐다. 동물이 탈출할 때마다 동물원의 존립에 대한 논란이 반복된다. 종 보전과 연구 그리고 교육을 위해 동물원이 필요하다는 주장도 한결같다. 그런데 이런 주장의 기저에 동물의 감정은 고려된 걸까?

2022년 10월에 15년 넘게 수족관에서 쇼를 하던 남방큰돌고래 비봉이를 제주 앞바다에 방사했다. 고래를 소재로 한 드라마가 한창 인기를 끌던 때라 해양수산부 장관이 직접 비봉이를 방류하면서 언론의 주목을 받았다. 그러나 2023년 5월까지도 비봉이는 사람들 눈에 띄지 않고 있다. 남방큰돌고래는 연안 1~2km 안쪽에서 살기 때문에 이토록 오래 발견이 되지 않는다는 건 매우 좋지 않은 소식이다. 사실 비봉이를 바다로 돌려보낼 때 설왕설래가 있었다. 비봉이 이전에 금등이, 대포 같은 돌고래 역시 야생 방사에 실패한 전력이 있던 터라 걱정의 목소리가 많았다. 우려는 현실이 되어가는 듯 보인다. 돌고래는 무리를 지어 사회를 이루고 살아가기 때문에 야생에 돌려보낼 때 무리의 구성원으로 편입시키기가 쉽지 않다. 수족관에 갇혀 지낸 시간이 길수록 야생 방사에 실패할 확률이 높아진다. 돌고래는 어린 시절 바닷속을 자유롭게 헤엄쳐 다니면서 지리, 해류 방향 등을 기억하는 습성이 있다. 또 음파로 지형지물을 인식하고 무리와 소통하는 법을 체득해야 하는데 비봉이는 어려서 포획되는 바람에 이런 경험을 쌓을 기회가 없었다. 더구나 돌고래는 사회적인 동물이기에 적어도 두 마리를 동시에 방사했더라면 하는 아쉬움도 크게 남는다. 그런데 바다로 돌아간다면 고래는 정말 행복할까?

혹등고래의 노래는 인간의 노래와는 또 다른 매력이 있다. 사회적인 동물인 고래는 함께 사냥하고 번식하기 위해 서로 소통한다. 고래는 크게 이빨고래와 수염고래로 나뉘는데 대체로 이빨고래는 반향정위* 로 소통하고 수염고래는 노래로 소통하는 것으로 알려져 있다**. 심연의 바다에서 고래가 내는 소리는 멀리 떨어져 있는 동료에게도 가 닿을 수 있다. 물속에서 빛은 느려지지만 소리는 네 배 이상 빨라져 수백 km까지 이동할 수 있기 때문이다. 그런데 서로 소리를 내고 들으면서 협동하는 걸 방해하는 게 인간이 만드는 소음이다. 글로벌 무역 중 해상 물동량 비중이 85%인 것만 봐도 얼마나 많은 화물선이 지구의 대양에 띄워져 있는지 짐작할 수 있다. 이렇게 많은 화물선이 움직이며 내는 소음에다 석유와 가스 시추, 해양 건설 등이 만들어내는 소음 공해로 고래는 소통에 어려움을 겪고 있다. 혹등고래는 숨 쉴 때 내뿜는 거품을 이용해서 서로 협동하며 그물을 만들고 거기에 크릴을 가둔 뒤 먹이를 구하는데 소음으로 인해 이런 일이 어려워질 수도 있다. 때론 좌초의 위험까지 있다는 연구 결과도 있다.

* 동물이 자신의 입이나 콧구멍으로부터 음파를 발사해 그 음파가 물체에 부딪쳐 되돌아오는 메아리를 듣고 물체와 자기와의 거리를 측정하거나 그 물체의 형태 등을 구별하는 것.

** 이빨고래와 수염고래의 의사소통이 반드시 이런 방법에만 국한되는 건 아니다. 예를 들어, 범고래와 같은 일부 이빨고래 종은 서로 의사소통하기 위해 휘파람, 클릭, 펄스 울음 등 다양한 발성을 사용한다. 마찬가지로 수염고래는 신체 언어와 신체 접촉을 사용하여 서로 의사소통할 수도 있다.

육상생태계의 생산자가 식물이듯 해양생태계의 생산자는 식물성플랑크톤이다. 식물성플랑크톤이 풍부해야 이걸 먹고 사는 동물성플랑크톤과 크릴 개체 수도 증가한다. 식물성플랑크톤은 광합성을 하며 대기 중 탄소를 포집하는데, 지구 전체 탄소의 절반 이상을 식물성플랑크톤이 흡수한다고 알려져 있다. 식물성플랑크톤은 광합성할 때 철분을 필요로 하는데 사실 바닷물에 가장 부족한 물질 가운데 하나가 철분이다. 다행스럽게도 이 철분을 고래 똥에서 공수받는다. 심해에서 먹이 활동을 하는 고래는 배설할 때면 수면 가까이 올라와 바닷속으로 가라앉을 뻔했던 배설물을 끌어 올린다. 이렇게 고래는 해양생태계에 중요한 펌프 역할을 한다. 고래 배설물은 식물성플랑크톤뿐만 아니라 동물성플랑크톤과 크릴, 그리고 이를 먹고 사는 바닷새, 어류 등에도 이로움을 준다. 고래는 크기만큼이나 지대한 영향을 끼치며 유익한 순환을 돕는 존재다.

이빨이 없는 수염고래는 바닷물을 빨아들인 다음 수염에 걸러진 크릴을 먹는다. 수염고래가 하루에 먹는 크릴 양은 평균적으로 체중의 5~30%쯤 된다고 한다. 고래 무게를 생각할 때 엄청난 양이 아닐 수 없지만 고래 똥 순환이 크릴의 수를 늘리니 고래는 크릴을 먹을 자격이 충분하다. 그런데 남극해양생물자원보존위원회의 크릴 어획 보고에 따르면 지난 40년간 크릴의 개체 수는 70~80%가량 감소했고 그 주된 원인으로 지구온난화를 꼽고 있다. 해수 온도 상승으로 식물성플랑크톤이 줄자 이걸 먹고 사는 크릴 개체 수도 줄어든 것이다. 거기 더해서 크릴오일을 먹는 인류까지 가세해 크릴 수는 급격히 감소하고 있다. 크릴이 줄고 있으니 수염고래 수도 줄어들 수밖에 없다. 실제로 호주, 아르헨티나, 브라질, 남아프리카에서 남방긴수염고래의 번식 빈도가 줄어든 것으로 나타났다. 수염고래가 줄어들면 고래 배설물도 줄어들고 연쇄적으로 크릴 수도 줄어든다. 크릴을 먹이로 삼는 수염고래가 줄어드는데 오히려 크릴이 줄어드니 크릴 역설이 아닐 수 없다. 고래를 위협하는 건 또 있다. 수염고래 한 마리가 하루에 대략 천만 개의 미세플라스틱을 섭취한다는 연구 결과가 있다. 주로 크릴 등 먹이에 축적되어 고래로 이동하는 것인데 미세플라스틱은 최종적으로 해양생물을 섭취하는 인간에게 돌아올 수밖에 없다.

자유롭게 바다를 유영하는 고래의 꿈은 그저 꿈일 수밖에 없을까? 고래의 운명은 우리의 운명과 닿아 있고 그 아름다운 생명체가 바다에서 자유롭게 살아갈 수 있도록 터전을 지켜줄 열쇠는 우리 손에 있다. 2월 셋째 주 일요일은 세계 고래의 날이다.

북으로 돌아가는 기러기 떼.

제비가 보인다, 봄

강가 늘어진 버드나무 가지에 연둣빛으로 내려앉는 봄.
아름다운 새소리가 새벽을 열고
태양의 자비와 바람의 손길로 빚은 꽃 향 가득한 봄이다.
꽃눈 잎눈 펑펑 터지니 몰랐던 그 자리에서 벚나무를 확인하고
꽃 진 자리에 돋아날 열매를 기다리는 봄이다.

제비는 왜 봄이면 바다를 건너 우리나라에 올까

제비 | 학명 ***Hirundo rustica***

참새목 제비과의 조류, 몸길이 약 18cm, 멸종위기등급 관심대상.
하천과 농경지 등 개방된 곳에서 빠르게 날면서 곤충을 잡는다.
둥지는 처마 밑에 짓고 이동 시기에 큰 무리를 이룬다. 봄에 우리나라에 왔다가
입추 무렵 멀리 인도네시아 수마트라까지 이동하는 여름 철새다.

500원짜리 동전 두 개 남짓한 몸무게,
어른 손 한 뼘도 채 안 되는 크기의 제비가 이렇게
먼 거리를 이동하는 까닭은 대체 뭘까?

—

거칠던 바람결이 누그러지기 시작하면 제비를 기다린다. 버드나무 줄기에 언뜻 연둣빛이 비치기 시작하면 제비를 기다린다. 나뭇가지에 연두 잎이 조금씩 돋아나는 어느 봄날 물 찬 제비 한 마리가 눈앞을 순식간에 지나간다. 방금 본 게 제비가 맞는지 확인할 방법은 누군가와 같이 그 광경을 볼 때뿐이다. 행여 제비가 아니었다고 해도 나는 믿고 싶어진다, 제비였기를! 어느 해에는 제비가 돌아왔다는 문자를 읽다 가슴이 벅차올랐다. 왔구나, 무사히! 방언처럼 이 말을 뱉는데 눈이 뜨뜻해진다. '강남 갔던 제비가 돌아왔다'는 문장 하나로 이야기하기에 그들의 여정은 무척이나 멀고 고단하다. 과학이 발전하면서 인공위성과 이동통신망 등을 활용해 철새들의 이동 경로를 파악할 수 있게 되었다. 제비처럼 작은 새는 지오로케이터Geolocator라는 작은 장치를 다리나 등에 부착해서 이동 경로를 분석한다. 제비는 봄에 우리나라에 와서 두 차례 번식하고 입추 무렵부터 겨울을 지내려고 이동

버드나무 줄기에 연둣빛이 비치기 시작하면
제비를 기다린다.

을 시작해 수천 km 떨어진 필리핀이나 더 멀리 인도네시아 수마트라 섬까지 간다.

봄에 제비는 우리나라로 돌아오기 위해 바다를 건너야 하는데 이 와중에 목숨을 잃기도 한다. 무사히 도착해도 아직 안심하기엔 이르다. 완전히 기진한 채 부리부터 땅에 대고 배를 깔며 주저앉는 제비 위로 차가 지나가는 바람에 뭍에 도착하자마자 곧장 생의 마침표를 찍은 제비도 있다. 500원짜리 동전 두 개 남짓한 몸무게, 어른 손 한 뼘도 채 안 되는 크기의 제비가 이렇게 먼 거리를 이동하는 까닭은 대체 뭘까? 새들이 이동하는 이유에 대해서는 여러 가설이 있는데 가장 설득력 있는 가설은 먹이다. 북반구는 봄부터 여름에 이르는 시기에 곤충 발생이 가장 많기 때문이라는 가설이 설득력 있다. 제비가 월동하는 열대지방은 먹이 경쟁을 해야 하는 새들이 상대적으로 많기에 이동한다는 가설도 있다. 최근에는 철새들의 면역체계가 단순해서 병원체가 상대적으로 적은 북반구 고위도에서 번식한다는 연구도 있다. 이유야 어떻든 제비가 우리나라에 오는 이유는 결국 새끼를 치며 종을 보전하기 위함이다.

처마가 있던 집이 콘크리트 아파트로 바뀌고 동네를 흐르던 하천은 복개되어 꼭꼭 숨어버린 데다 수확량을 늘리겠다며 뿌려댄 농약이 이 땅에서 제비를 몰아내고야 말았다. 어느 해부터인가 봄이 되어도 돌아오지 않는 제비의 안부가 사람들은 궁금했을까? 우리의 기억에서 제비가 완전히 잊힌 딱 그만큼 환경문제는 곳곳에서 불거졌다. 하지만 화학물질로 새들의 지저귐이 사라진다는 레이첼 카슨의 경고를 흘려듣지 않은 인류가 다행히도 있었다. 샛강을 덮고 있던 더께가 걷히자 바람과 볕이 강물을 어루만졌고 버들치며 해오라기가 돌아오기 시작했다. 이제 봄이면 제비가 다시 우리 곁으로 돌아오고 진흙을 물어다 나르며 둥지를 짓고 보수하며 새끼를 길러낸다. 둥지 밖으로 고개를 내민 새끼들이 노란 입을 벌리며 어미에게 먹이를 달라고 아우성친다. 새끼 수나 부화한 이후 시간이 얼마나 흘렀느냐에 따라 다르겠지만 대략 스무하루 동안 어미가 새끼에게 하루에 평균 350여 차례 먹이를 가져다 먹인다는 연구 결과가 있다. 부리를 크게 벌리고 소리를 더 많이 내는 새끼가 더 많은 먹이를 받아먹는다. 그렇지만 배가 부른 새끼는 조르는 행동이 약해지기 때문에 형제 모두 고르게 먹이를 먹을 수 있다.

제비가 여기저기 보여야
비로소 봄이다.

다만 먹이를 넉넉히 구할 수 있을 때의 얘기다. 최근 들어 여름철 폭우가 길어지는 경향이 있는데 이렇게 되면 어미가 먹이를 구하는 일이 어려워지고 먹이를 충분히 받아먹지 못한 새끼는 도태될 수밖에 없다. 폭염 역시 새끼 제비들의 성장에 걸림돌이다. 가게나 건물의 천막에 지은 둥지 속은 폭염에 온도가 40도를 넘어서는데 깃털이 아직 발달하지 못한 새끼들에겐 치명적이다. 마트도 에어컨도 없는 야생의 목숨에 기후는 최대의 천적일 수밖에 없다.

전깃줄 위에 앉은 한 무리의 제비들.
세상에서 가장 아름다운 전깃줄이었다.

어느 해 가을이 시작된다는 입추에 강원도 동해안 안목에 다녀왔다. 입추라지만 8월은 여전히 뜨거웠다. 바닷가를 산책하다 제비 한 마리를 발견하고는 반가운 마음에 좇다가 전깃줄 위에 앉아 있는 한 무리의 제비를 만났다. 세상에서 가장 아름다운 전깃줄이었다. 입추를 기점으로 제비는 남하할 채비를 시작한다. 이동을 앞둔 제비를 보는 마음은 무척 복잡하다. 특히 올해 태어나 처음으로 먼 여행을 떠나야 하는 제비들에겐 크나큰 도전일 거라는 생각에 마치 물가에 둔 아이를 바라보는 어미 심정이었다. 무사히 갔으면 하는 마음, 도착한 곳의 자연이 온전해서 겨우내 잘 먹고 잘 지낼 수 있었으면 하는 마음 그리고 내년 봄에 또 무사히 잘 돌아오길 바라는 간절함으로 한참을 바라봤다. 제비를 비롯한 철새들은 먼 거리를 이동할 때 바람의 도움도 받는다. 봄이 오면 남서풍을 타고 제비들이 오는데 몇 해 전 이 바람의 방향이 바뀌어서 새들이 이동하는 데 큰 어려움을 겪었던 적이 있다. 기후와 생존은 톱니바퀴처럼 맞물려 있다는 걸 또 배운다. 이 봄 혹시 제비를 만난다면 따뜻한 환대의 마음으로, 여린 생명들이 무탈하게 오고 가길 꼭 빌어주길 바란다.

“그렇다면 우리는 어디서 살아야 합니까?”
개구리와 로드킬 이야기

수원청개구리 | 학명 ***Dryophytes suweonensis***

무미목 청개구리과 양서류.

몸길이 25~40mm 정도로 한국에 서식하는 개구리 중 가장 작다.

수원에서 처음 발견되어 이름에 ‘수원’이 들어가는 토종 청개구리.

현재 800개체가 채 남지 않은 걸로 추정되는 멸종위기 1급 동물이다.

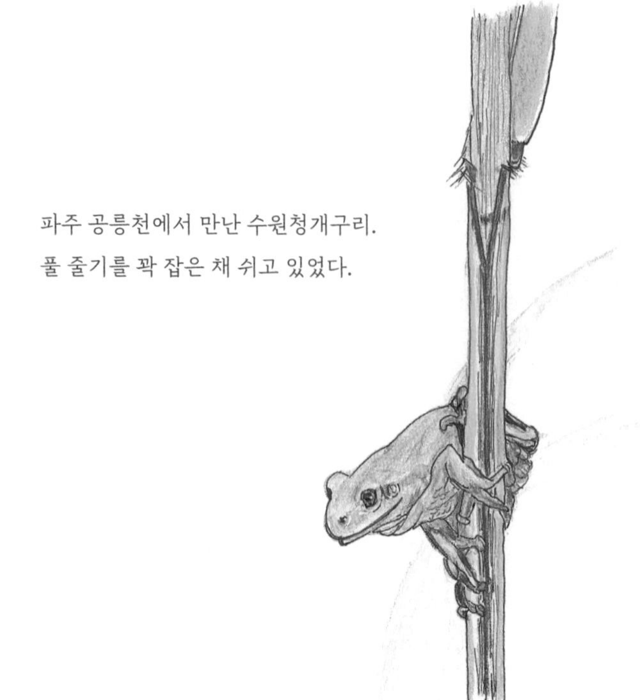

파주 공릉천에서 만난 수원청개구리.
풀 줄기를 꽉 잡은 채 쉬고 있었다.

—

어느 해 7월로 기억한다. 해가 긴 어느 날 저녁 수원청개구리 소리를 들으러 파주 월롱으로 갔다. 해가 떨어지고 깜깜해져야 개구리들이 합창할 거라 시간을 맞춰 간다고 갔는데도 아직 해가 남아 있었다. 함께 갔던 지인들이랑 개구리가 살고 있다는 논 근처 카페에서 깜깜해질 때까지 차를 마시며 기다렸다. 월롱역에서 멀지 않은 곳이었는데 논을 둘러싼 주변 건물의 불빛이 너무 밝았다. 별이 빛나는 밤에 개구리 소리를 듣겠다며 달떴던 마음이 반토막 나고 말았다. 어둑해지자 조심스레 논둑길을 걸으며 귀를 활짝 열었다. 사람 발자국에 개구리들이 죄다 숨죽이고 있는 건지 아무런 소리도 들리지 않았다. 개구리들이 딴 데로 간 거 아니냐며 소곤거리는데 그곳을 꾸준히 모니터링해오고 있던 지인이 나지막하게 신호를 보낸다. 살금살금 그곳으로 일행은 다가갔고 '꺽꺽 꺽꺽' 하며 스타카토로 노래하는 수원청개구리 소릴 들었다. 오리가 꽥꽥하는 소리보다 조금 높고 가는 소리였다. 이후 수원청개구리 모습이 궁금해 파주 공릉천 근처에 한 번 더 갔고 그곳에서 풀 줄기를 꽉 잡은 채 쉬고 있는 수원청개구리를 만날 수 있었다. 청개구리와 흡사해서 설명을 듣지 않았다면 청개구리라 했겠다. 다 자란 성체가 3cm 안팎으로 청개구리 가운데 가장 작다. 수원청개구리는 수원에서 처음 발견되어 이름에 수원•이 들어가는 토종 청개구리로 현재 800개체가 채 남지 않은 걸로 추정되는 멸종위기 1급 동물이다.

동물이고 식물이고 멸종위기라는 이야기는 지겹도록 많이 들어서 '멸종'이란 낱말은 더 이상 위협적이거나 시급하게 와닿는 단어가 아니다. 그래서 더 많은 생물이 멸종위기로 내몰리고 있는 건지도 모른다. 수원청개구리가 멸종위기종이 된 이유에는 여러 가설이 있다. 그 가운데 내가 가장 설득력 있다고 믿는 가설은 수원청개구리가 비슷하게 생긴 청개구리와의 경쟁에서 밀려 개체 수가 줄었다는 '경쟁 가설'이다. 이 두 종은 오래전부터 공존해왔는데 그러기 위해 활동하는 시간과 장소가 겹치지 않는 쪽으로 진화해왔다. 이런 걸 니치niche 전략이라 한다. 문제는 이들이 활동할 공간이 개발 등 인간 활동으로 제약받으면서 불거졌다. 서식지가 줄어들다 보니 서로의 공간이 겹치게 되었고 몸집이 상대적으로 큰 청개구리가 수원청개구리를 밀어내게 되었다는 게 이 가설의 핵심이다. 왜 생물종이 멸종위기에 직면했

• 수원청개구리는 1980년 일본 생물학자가 수원에서 처음 발견해 학계에 보고하면서 '수원엔시스(suweonensis)'라는 종(種)명이 붙었다.

는지를 알아야 하는 이유가 바로 여기에 있다. 개구리들이 우는 소리로 위치를 추적하는 실험을 이화여대 장이권 교수팀 실험실에서 진행한 사례가 있다. 청개구리는 논둑이나 논둑에서 가까운 5m 이내에서, 수원청개구리는 논둑에서 논 안쪽으로 평균 12.07m 정도 떨어진 곳에서 소리를 냈다. 한마디로 밀려났다는 얘기다. 문제는 수원청개구리가 무논에서 버티려면 모나 풀을 잡고 수면 위로 올라와야만 했다는 거다. 수원청개구리를 처음 봤을 때 풀을 잡고 쉬고 있던 바로 그 모습으로 진화한 배경에는 이런 가설이 뒷받침한다고 추측하고 있다.

참개구리.

개구리가 겨울잠에서 깨어나고, 짝짓기를 위해 수컷이 목청껏 노래하고, 암컷이 알을 낳고 그 알에서 탈바꿈이 벌어지며 개구리가 된다. 이러한 한 사이클을 도는 과정에서 개구리 학살은 크게 두 차례 벌어진다. 지역에 따라, 개구리 종류에 따라 깨어나고 짝짓기하는 시기는 다르지만 3월부터 5월까지 봄철 내내 도로 곳곳에서는 로드킬이 벌어진다. 땅속에서 겨울잠을 잔 개구리는 깨어나 알을 낳으려 도로를 건너고, 올해 태어난 개구리는 본능적으로 자기가 살아야 할 곳으로 가기 위해 도로를 건넌다. 그 과정에서 로드킬이 발생한다.

개구리 무덤은 도로에만 있는 게 아니다. 농경지에 설치한 배수로를 과거에는 흙으로 만들었다. 배수로에 물이 흐르고 흙이 있으니 수풀이 무성했다. 여뀌나 고마리, 미나리처럼 물을 좋아하는 식물이 자라면서 배수로에 흐르는 물을 정화했다. 수풀이 우거지니 다양한 곤충들도 찾아왔다. 개구리에게 배수로는 몸을 숨기기에도 먹이 사냥을 하기에도 최적의 장소였다. 이랬던 흙 배수로가 깊고 폭이 넓은 콘크리트로 바뀌면서 개구리들의 핫 플레이스는 죽음의 공간이 되었다. 콘크리트라 풀이 자라기도 어려운 조건이 되었지만 무엇보다 개구리가 한번 빠지면 살아 나오기가 거의 불가능하다. 한 환경단체가 이런 사실을 알고 기업들의 후원을 받아 개구리 사다리를 만들어주는 활동을 전개했다. 어떻게든 붙잡고 살아 나오라는 염원을 담아서. 그렇지만 근원적인 해법은 아니다. 생태적 고려를 전혀 하지 않고 만든 콘크리트 배수로는 재고되어야만 한다.

경남양서류네트워크는 개구리가 알을 낳으면 알덩이를 안전한 장소로 옮겨주는 활동을 하고 있다. 개구리가 산의 3~4부 능선에 주로 서식한다는 생태적 특성을 고려해서 봄철 산행할 때 오목하게 구

개구리알과 소금쟁이.

덩이를 군데군데 파놓기도 한다. 겨울과 봄에 걸쳐 워낙 가뭄이 심하다 보니 비가 내리면 물이 모일 테고 개구리들이 그곳에 알을 낳을 수 있도록 배려하는 활동이다. 개구리, 두꺼비 등 양서류의 로드킬이 벌어지는 장소는 그 범위가 크게 벗어나지 않는다. 자동차 운행을 그 시기만이라도 우회할 수 있다면 방생의 의미가 클 것 같다.

로드킬로 희생되는 개구리는 살던 곳에 도로가 들어서면서 쫓겨나기도 한다. 수원청개구리, 금개구리 등 멸종위기 생물종이 서식하는 곳에 수도권 제2순환고속도로 건설이 확정되면서 그곳에 살던 멸종위기종들은 대체 서식지로 옮겨져 방사됐다. 그런데 대체 서식지인 논과 농수로가 양서류가 살 수 없는 환경으로 변해버렸다. 멸종위기종이 살게 되면 개발이 어려워지니 반기지 않는 상황에 땅 주인과 사전 협의도 없이 옮겨놓으면서 벌어진 일이다. 게다가 대체 서식지라고 무한정 살 수도 없다. 계약이 만료되면 집을 비워야 한다. 새로 입주할 집을 찾지 못한 안타까운 세입자 처지로 내몰린 개구리들은 이렇게 하소연할지도 모른다. '그렇다면 우리는 어디서 살아야 합니까?'

지구는 생명의 그물망이라면서, 지구는 인간의 소유물이 아니라면서 왜 이토록 생명을 내몰고 있는 건가? 누가 이 양서류의 갈 곳을 살펴야 할까? 마침 3월 3일은 세계 야생 동식물의 날이다.

안전한 세상으로 가는 다양한 선택지를 위하여

3월 11일 후쿠시마 사고일(2011)

비슷한 사고가 일어났던 날 :

1979년 3월 28일 미국 스리마일섬 핵 발전소 폭발 사고,

1986년 4월 26일 구소련 체르노빌 핵 발전소 폭발 사고.

핵 발전소는 사고가 났을 때만 위험한 게 아니다.
발전소를 가동하는 동안
쏟아져 나오는 핵폐기물이 있다.
이 폐기물은 방사능 농도가 워낙 높아
생명체와 완전히 격리된 곳에
꼭꼭 숨겨둬야 한다.
그것도 무려
10만 년이라는
시간이 지나도록.

—

'과수원엔 따지 않은 과일들이 나무에 매달린 채 썩어가고 있었고 가끔 멧돼지가 대로를 어슬렁거렸다. 자연은 인간이 떠난 도시를 접수한 것처럼 보였다.'

사전 정보 없이 위의 글이 묘사하고 있는 장면을 상상하면 동물들의 낙원일까 싶다. 코로나19 팬데믹 초반에 세계 곳곳에서 전해지던 소식이 떠오르기도 한다. 사람의 발길이 끊기자 모래 해변으로 바다거북이 몰려들어 알을 낳았다는 뉴스, 베네치아 운하는 물고기가 보일 만큼 투명해졌다는 뉴스는 다시 생각해도 좋다. 그런데 아쉽게도 이 글은 구소련의 체르노빌 핵 발전소 사고가 벌어진 지 20년이 되던 2006년 4월, 핵 발전소 근처 거주 금지 지역을 취재한 독일 주간지 〈슈피겔〉 기사의 일부다. 1986년 4월 발생한 체르노빌 사고는 여전히 수습이 이루어지지 않은 상태지만 핵 발전소 사고는 오히려 추가되었다. 2011년 3월 일본 후쿠시마 핵 발전소 사고는 체르노빌과 비교할 수도 없이 큰 규모였다. 우리 인류는 체르노빌과 후쿠시마 사고 말고도 1979년 미국 스리마일섬 핵 사고까지 세 번의 중대한 핵 사고를 겪었다. 그렇다면 이제 지구상에서 핵 발전소는 어떻게 됐을까?

위험천만한 핵 사고를 지켜보면서 반면교사로 삼은 나라도 있고 여전히 우리는 안전할 거라는 자기 최면에 빠져 핵 발전 규모를 늘리고 있는 나라도 있다. 후쿠시마 사고는 내 삶에 큰 터닝 포인트가 된 사건이었다. 바로 옆 나라에서 벌어진 사건인 데다 이미 1945년 핵으로 큰 상처를 입었으면서도 54개나 되는 핵 발전소를 가동 중이었다는 사실은 내게 큰 충격이었다. 연일 핵 발전소가 폭발하고 헬기로 바닷물을 퍼부으며 진화하는 장면을 지켜보면서 방사능 낙진에 대한 공포도 상당했다. '바람의 방향이 바뀌면 어쩌지?' 하는 불안감이 극도로 심했다. 그런 불안감 속에서 정작 내가 할 수 있는 일이라고는 요행 말고는 없다는 사실로 더욱 두려웠다. 수습은 전혀 되지 않은 상태로 시간이 흘러 후쿠시마 핵 사고가 뉴스의 관심 밖으로 밀려날 즈음 에너지 공부를 시작했다. 발전소가 인류의 미래를 위협할 수도 있다는 걸 전혀 몰랐던 내게 핵 발전소는 알수록 두렵고 두려웠다. 전기 소비를 줄인다면 발전소 개수도 줄어들 수 있을 거라는 생각에 집에서 사용하는 전자제품 가운데 사람의 동력으로 대체할 수 있는 것부터 없앴다. 90년대 말부터 쓰기 시작한 식기세척기, 청소기, 전기밥솥을 없앴다. 전등을 모두 LED로 바꾸고 대기전력을 차단해서 전기 요금이 줄긴 했지만 딱 거기까지였다. 자기 위안을 삼기엔 나쁘지 않았지만 세상은 달라지지 않았다. 이렇게 저렇게 노력을 해봤자 내가 쓰는 전기의 30% 내외는 핵 발전소에서 온다. 게다가 에너지 공부를 하고 활동을 시작한 이래로 21기였던 우리나라 핵 발전소는 27기*로 늘어났다. 일본 정부는 사고 수습이 요원해지면서 사고 처리 비용이 계속 늘어나자 핵 발전소에서 쏟아져 나오는 방사능 오염수를 처리해서 2023년부터 태평양에 방류하겠다는 입장이다. 처리 과정에 그 많은 방사능 핵종은 온전히 걸러질까? 가장 가까이에서 바다를 공유하고 있는 우리는 왜 이토록 이 문제에 대해 관대할 정도로 잠잠한 걸까?

휘황찬란한 밤거리를 보면 좌절감이 나를 압도하곤 한다. 그러다 '포기하지 않는 1인'을 떠올린다. 체르노빌 사고는 유럽 여러 나라에도 방사능 낙진 오염으로 손해를 끼쳤다. 독일에서 요오드131, 세슘134, 세슘137 같은 방사성 물질들이 검출되었지만 독일 정부는 시민들에게 어떤 안전 지침도 설명해주질 못했다. 안전하다는 말만 반복하는 정부를 믿을 수 없었던 독일 시민들이 시작한 게 핵에서 벗어나자는 '탈핵운동'이었다. 독일 슈바르츠발트의 쇠나우 지역 주민들은 단지 전기를 절약하는 걸 넘어서 재생에너지를 생산하는 전력회사를

* 2023년 4월 기준. 이 가운데 고리1호기와 월성1호기는 영구 폐쇄 결정.

세우기에 이른다. 기득권을 가진 거대 전력회사와 맞서고 주민 투표를 거치는 지난한 과정을 겪으며 쇠나우 전력회사가 만들어졌다. 이 일은 독일 사회에 선한 영향을 끼치며 퍼져나가는 중이다. 쇠나우 전력회사 설립자를 독일에서 만나고 온 지인을 통해 들었던 말이 '포기하지 않는 1인'이었다. 어떤 일이든 포기하지 않았기에 가능했다는 이야기는 지칠 때마다 큰 위로가 된다.

핵 발전소는 사고가 났을 때만 위험한 게 아니다. 발전소를 가동하는 동안 쏟아져 나오는 핵폐기물이 있다. 연료인 우라늄이 핵분열을 끝내고 나면 열과 방사능 준위가 무척 높아져 고준위 핵폐기물이라 부르는데 우리나라 핵 발전소 전체에서 해마다 700톤 이상 쏟아져 나온다. 이 폐기물은 방사능 농도가 워낙 높아 생명체와 완전히 격리된 곳에 꼭꼭 숨겨둬야 한다. 그것도 무려 10만 년이라는 시간이 지나도록. 과연 이렇게 보관할 장소를 어디서 찾을 수 있을까? 세계 최초로 핀란드 남서쪽 해안 지하 455m 아래 온칼로Onkalo라는 최종 처분장이 있다. 2004년에 건설을 시작해서 2023년 5월 현재 인가 절차가 진행 중이다. 핵폐기물 수용을 시작할 준비가 되려면 몇 년 더 걸릴 것으로 예상한다. 참고로 핀란드에는 핵 발전소가 단 4기다. 우리나라는 고준위 핵폐기물 처분장 부지조차 마련하지 못한 상태다. 온칼로는 핀란드어로 '은둔자'다. 세상으로부터 은둔시킬 정도로 위험한 물질이라면 더 이상 발생하지 않도록 하는 게 최선 아닐까?

마침내 독일은 2023년 4월 16일 핵 발전소를 완전히 셧다운했다. 한 여론조사에서 독일 국민의 59%가 반대했지만 실행에 옮겼다. 1961년 첫 가동 이후 62년 만의 일이고 체르노빌 사고 이후 37년 만의 일이다. 슈테피 렘케 독일 환경장관은 완전한 탈원전을 해도 무려 '3만 세대' 동안 핵폐기물이 위험 요소로 머물 거라고 했다.

봄이 오는 3월이면 후쿠시마를 기억하려는 사람들이 모인다. '핵 발전소 없이 안전하게 살자.' 2022년 3월 첫 주 토요일 대학로에서 만난 한 활동가 등에 나부끼던 글귀다. 핵 반대 운동을 부정적으로 바라보는 사람들은 '핵 발전소가 없어지면 전기 요금 오르는 거 책임질 거냐', '원시 시대로 돌아가자는 거냐'는 항의를 하거나 이 운동을 정치적인 문제로 비화하기도 한다. 왜 우리는 선택지를 '있다', '없다', 오직 두 개만 둘까? 은둔자로 10만 년을 지내야 한다는 것은 엄청난 비밀스러움이고 비밀은 위험하다. 안전한 세상으로 가기 위해 다양한 선택지를 만들어야 할 때가 아닐까?

강인하고 유연한 풀

민들레 | 학명 *Taraxacum platycarpum*

쌍떡잎식물 국화목 국화과의 여러해살이풀. 노란색, 흰색 꽃이 핀다.

줄기가 없고 잎이 뿌리에서 뭉쳐 나며 옆으로 퍼진다.

민들레는 작은 방석처럼 잎을 좍 펼친 채 겨울을 지낸다.
칼바람을 피하려 몸을 최대한 바닥에 눕히는데
방사형으로 둥그렇게 잎을 펼친 모양이 장미꽃을 닮았다고 해서
이를 로제트라 부른다.

—

카페로 들어가는 길이었다. 건물과 보도블록 사이에서 언뜻 노란색을 본 것 같았다. 약속 시간보다 좀 이르게 온 터라 여유가 있었다. 가까이 다가가니 예상했던 대로 민들레였다. 쪼그리고 앉으며 스마트폰을 꺼내 사진부터 찍었다. 오늘 그릴 걸 찾았다는 기쁨을 느끼며. 꽃대 두 개에 꽃을 한 송이씩 달고 있는 민들레를 들여다보며 그 비좁은 곳까지 날아왔을 씨앗을 생각했다. 대체 어느 바람결에 어디서부터 이곳까지 왔을지 궁금했다. 가벼운 솜털에 실려 바람 타고 동실동실 퍼져나가는 민들레 씨앗은 멀리 40km까지 날아간다는 연구 결과도 있다. 바람의 힘이 약해진 어느 곳에 씨앗이 내려앉았다고 해도 어엿하게 꽃대를 올린 민들레가 되기까진 아직 갈 길이 멀다. 씨앗이 적당한 깊이에 몸을 숨길 정도로 흙이 와서 쌓여야 하고 적절하게 비가 내려 뿌리를 뻗고 싹을 내밀 수 있는 조건이

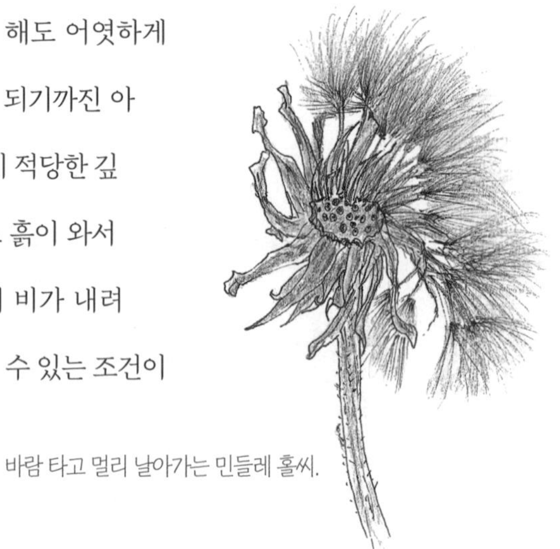

바람 타고 멀리 날아가는 민들레 홀씨.

충족돼야만 한다. 바깥으로 밀어 올린 싹에게도 쑥쑥 자랄 수 있도록 적절한 볕이 쪼이고 빗물이 적셔줘야 한다. 이 모든 인연이 빚은 작품이 그곳에 있었다. 기적이 아니고서야 이 일이 과연 가능할까? 얼마나 기막힌 확률로 민들레는 이곳에서 꽃을 피운 걸까? 여기까지 생각이 펼쳐지자 그곳에 쪼그리고 앉아 민들레를 들여다보는 내 마음이 숙연해졌다. 그러고 보면 우리 삶에서 매 순간 기적 아닌 때가 있기나 했을까? 다만 기적을 기적으로 볼 수 있는 마음의 눈이 욕망의 더께에 가려져 보지 못하는 건 아닐지.

도시가 콘크리트 숲이라고 해도 사실 풀이며 새며 곳곳에 스며든 생명을 만나는 일은 어렵지 않다. 한번은 광화문 교보문고 앞을 걸어가고 있었다. 어느 결에 자동차 소음 사이로 희미하게 새소리가 들렸다. 잘못 들은 거겠지 생각하며 내처 걷는데 또 들렸다. 고갤 들어 주위에 있는 나무 사이를 두리번거리며 살폈다. 가로수 키가 제법 커서 목이 아플 정도로 젖히며 살피다 도로변에 심은 벚나무 가지 위에서 박새 한 마리가 지저귀는 모습을 발견했다. 얼마나 반갑던지 내 입에서 절로 터져 나온 말, '박새야!' 사람들을 붙잡고 저기 박새가 있다고 알려주고 싶은 흥분을 꾹꾹 참으며 한참을 올려다봤다. 이따금 지나가는 이들의 시선이 느껴졌지만 그럴수록 더 열심히 박새를 바라봤다. 만약 누군가가 내게 뭘 보냐고 물어본다면 박새를 소개할 준비도 돼 있었다. 이 복잡하고 자동차 소음이 꽉 채운 도심 한복판에서 새소리와 함께한다는 것이야말로 또 하나의 기적 같은 일이 아니냐며 내 감동을 나누고 싶었다. 박새의 동선이 내 눈에서 사라질 때까지 한참을 서서 살폈다. 쉬지 않고 지저귀는 소리를 대체 이 분주한 거리에서 누가 들을 수나 있을까 하는 생각이 들었다. 누가 듣든 말든 박새는 지저귀고 싶었던 걸까? 도심 한복판에서 참새나 비둘기는 자주 보지만 박새를 만나고 나니 서울이 아직은 살 만한 곳이라는 생각이 들었다. 근처에 북악산도 있고 청계천도 있으니 내가 생각하는 그 이상의 생명이 함께 살아가고 있는지도 모를 일이다.

나뭇가지 위에 앉은 박새.
도심 한복판에서도 새소리와 함께한다는 것은
기적 같은 일이다.

저녁에 그림을 그리려 낮에 찍은 민들레 사진을 들여다보았다. 민들레는 여러해살이풀로 작은 방석처럼 잎을 쫙 펼친 채 겨울을 지낸다. 칼바람을 피하려 몸을 최대한 바닥에 눕히는데 방사형으로 둥그렇게 잎을 펼친 모양이 장미꽃을 닮았다고 해서 로제트라 부른다. 냉이나 꽃다지처럼 여러 해를 사는 풀들이 대개 이런 형태로 겨울을 난다. 오늘 본 민들레는 건물과 보도블록 사이의 틈바구니에 싹을 틔우다 보니 온전한 로제트 꼴이 아니었다. 꽃대도 위로 뻗어 올리지 못하고 바닥을 기듯 옆으로 뻗어 있었다. 그렇지만 당당하게 꽃을 피웠다. 민들레는 밟히고 핍박받아도 꺾이지 않는 강인함의 상징으로 많이 차용되곤 하지만 처한 환경에 맞춰가며 꽃대를 내고 꽃을 피운 민들레를 보니 유연함이 떠오른다. 생각해보면 강인함은 유연함과 다르지 않다.

생산자의 얼굴이 담긴 식재료

시금치 | 학명 ***Spinacia oleracea***

비타민, 철분, 식이섬유 등 각종 영양 성분이 풍부한 녹황색 채소.
세계적으로 많이 재배하는 채소 중 하나다.

농민 김정열 씨가 들고 있는 시금치.
생명을 살리고 흙을 살리는 마음으로
농사를 짓는 생산자의 얼굴이 담긴 식재료다.

—

로제트로 겨울을 나는 채소들이 있다. 방석처럼 둥그렇게 잎을 한껏 펼친 봄동이 그렇고 시금치가 그렇다. 시금치는 1년 내내 나지만 계절에 따라 모양이 좀 다르다. 여름 시금치는 열무 단처럼 가지런한데 겨울 시금치는 잎을 한껏 펼쳐놓은 모양새가 영락없는 로제트다. 하우스가 아니라 노지 재배를 해서 땅에 바싹 붙어 혹독한 겨울을 지내야 한다. 당분을 뿌리에 저장하며 북풍한설을 견뎌낸 시금치는 달고 맛나다. 우리나라 남쪽은 한겨울에도 시금치 농사를 지을 수 있다. 지역에 따라 섬초, 포항초, 보물초 등으로 불리는데 11월부터 2월 사이에 나는 시금치가 가장 맛있다.

시금치를 다듬고 데쳐서 간장, 참기름, 다진 마늘을 넣고 조물조물 무치면 진한 초록과 고소한 향이 시장기를 자극한다. 좋아하는 접시에 담아 식탁에 올리면 세상 그 어떤 밥상도 부러울 게 없다. 생명을 살리고 흙을 살리는 마음으로 농사를 짓는 생산자의 얼굴이 있는 식재료라면 더욱! 미디어마다 쿡방 프로그램이 인기를 끌고 유명 셰프가 셀럽인 세상이 되면서 맛집이 뜬다. 유명하다는 식당에 사람들은 줄을 서고 음식이 나오면 숟가락보다 먼저 스마트폰을 들고 인증숏을 찍는다. 인스타를 비롯한 SNS에 떠돌아다니는 음식 사진은 계속해서 식당 앞에 사람들을 줄 세운다. 음식을 먹기보다는 맛집을 순례하면서 미디어로 배운 음식을 복습하고 있다. 그러면서 음식의 기본 가치를 잊고 사는 건 아닌가 싶을 때가 있다. 시금치무침 한 접시에 담긴 햇볕과 바람과 비와 깨밭과 깨를 털던 농부와 다 적을 수 없는 수많은 인연에 감사한 마음이 몽글몽글 이는 이 경험이 그래서 값지다. '우리가 있기에 내가 있다'는 우분투ubuntu 정신을 시금치 한 접시에서 발견한다.

부엌일을 하다가 필요한 식재료가 떠오르면 그때그때 냉장고에 붙어 있는 메모지에 적는다. 메모지가 가득 차면 그걸 뜯어서 국산 · 유기농 · 친환경 상품을 취급하는 생활협동조합(생협) 매장으로 장을 보러 간다. 늘 가는 곳이니 어디에 뭐가 있는지 대체로 익숙한 데다 목록에 적혀 있는 것들만 사니까 장을 후딱 볼 수 있다. 이것저것 쳐다보면 사고 싶은 마음이 자꾸 들까 봐 나름 소비를 줄이려고 택한 방법이다. 그런 내가 즉흥적으로 사는 게 몇 가지 있는데 그 가운데 하나가 겨울 시금치다. 그 푸들거리는 초록 채소를 내 눈은 건너뛰질 못하니 충동구매를 하지 않을 도리가 없다. 이토록 맛난 시금치를 어린이들은 왜 싫어할까 궁금할 때가 가끔 있다. 데치는 시간을 놓치면 시금치가 좀 물컹해지는데 그 식감 때문일까 아니면 특유의 향 때문일까? 인공첨가물에다 달고 기름진 먹을거리가 가득한 세상이니 시금치가 어린이들의 입맛을 잡기에 역부족인 걸 수도 있다. 그럼에도 영양이 풍부한 시금치를 성장기 아이들에게 먹이려는 노력이 많았나 보다. 오죽했으면 시금치를 먹고 힘이 세지는 만화 캐릭터인 뽀빠이가 세상에 다 나왔을까? 뽀빠이 덕분인지 시금치의 영양학적인 가치 덕분인지 유엔식량농업기구FAO의 2019년 통계에 따르면 시금치는 전 세계에서 가장 많이 재배하는 채소 9위에 올랐다.

사철 푸릇한 채소와 과일이 마트를 그득 채우고 우리의 식탁 역시 더없이 풍요롭다. 그런데 이런 풍요로움 이면에 가려진 이야기를 들추다 보면 이 풍요로움이 더 이상 즐거움도 당연한 행복도 아니란 사실을 깨닫게 된다. 전국의 농가 상황을 살펴보자. 농촌인구 감소와 고령화 문제는 날이 갈수록 심화하고 있다. 통계청 자료에 따르면 2021년 12월 1일 기준으로 전국 농가는 103만 1천 가구, 농촌인구는 221만 5천 명으로 집계됐다. 농촌의 65세 이상 고령인구 비율은 46.8%다. 60세 이상이 138만 1천 명으로 전체 농촌인구의 62.4%를, 70세 이상이 72만 명으로 전체 농촌인구의 32.5%를 차지한다. 농촌인구 세 명 중 한 명이 70세 이상인 현실에서 한국 농업에 부족한 노동력을 이주노동자가 채워주고 있다. 이제 이주노동자 없이 농사는 불가하다. 우리나라뿐만 아니라 전 세계 농업에 이주노동자가 빠진다면 농업은 불가능할 것이다. 우리의 먹을거리가 이렇게 빚지고 있다면 그들에 대한 처우는 어때야 할까?

잊힐 만하면 한 번씩 비닐하우스에서 전해지는 비보가 있다. 2021년 12월 포천의 한 비닐하우스에서 잠자던 캄보디아 이주노동자 속헹 씨는 기온이 영하 18도까지 떨어져 한파주의보가 내린 날 전기가 끊겨 난방도 제대로 되지 않은 하우스에서 숨진 채 발견되었다. 농업노동자로 고용된 이주노동자들의 기숙사는 비닐하우스가 많다. 화재며 홍수 등 재난에 대단히 취약한 시설이 아닐 수 없다. 열악한 조건에서 하루 10시간 넘게 깻잎 농사를 하는 이주노동자들의 존재를 알고 나니 깻잎에서 고소함이 사라졌다. 한겨울 다디단 시금치를 먹는 사람 입장이 아니라 언 땅에서 시금치를 캐는 사람의 자리에 서봤다. 해본 적이 없으니 노동의 강도가 가늠되질 않는다. 자칫하다 뿌리가 잘리면 겨우내 키운 시금치를 팔 수도 없다고 한다. 그런 시금치를 기꺼이 사줄 수 있는 우리가 되면 좋겠다.

밭에서 겨울을 지낸 시금치를 한 다발 뜯어 들고 있는 경북 상주 농민 김정열 씨의 손을 그려봤다. 꽃보다 아름다운 시금치다. 김정열 씨는 비아 캄페시나La Via Campesina의 국제조정위원이며 상주여성농민회 회원으로 활동하고 있다. 2018년 12월 유엔은 '농민과 농촌에서 일하는 사람들의 권리선언(이하 농민권리선언)'을 채택했다. 비아 캄페시나는 전 세계 농민단체들의 연합체로 유엔에서 농민권리선언이 채택되기까지 20년을 애썼다. 우리 정부는 당시 유엔총회에 올라온 농민권리선언에 몇몇 이유를 들어 기권표를 던졌다. 법적인 지위가 없는 이주노동자들까지도 농민과 같은 권리를 갖는다는 부분에 동의가 어렵고, 농민에게 종자 판매의 권리가 있다는 조항 역시 국내 종자산업법 등과 상충하기 때문에 어렵다는 입장이었다. 우리 식탁의 풍요로움이 누군가의 희생을 딛고 가능하다면 이건 너무 불공정하다. 어떤 생각과 가치관으로 세상을 바라보느냐가 세상을 만든다.

밟히지 않으면
생존할 수 없는 숙명을 안은 풀

질경이 | 학명 *Plantago asiatica*

여러해살이풀, 땅속줄기, 로제트 모양의 잎.

5~8월에 개화한다.

질경이 씨앗에는 젤리 같은 물질이 있어 물에 닿으면
부풀어 오르며 접착력이 생긴다.
이런 특성 덕에 길에 살면서 지나가는 나그네의 신발 바닥,
마차 바퀴 그리고 21세기에는 자동차 타이어에 묻어
먼 곳까지 이동하며 영역을 넓혀나간다.

—

내게 언제가 가장 행복하냐고 묻는다면 망설임 없이 들길 산책을 즐길 때라 답할 것이다. 해가 뉘엿뉘엿 넘어갈 무렵 살랑이는 바람 한 줄기가 함께하는 들길 산책은 말로 형언키 어려운 행복감이 밀려온다. 귀소하는 새 떼가 내 머리 위로 날아간다면 금상첨화다. 행복이 얼마나 가까이 있는지 세포 하나하나가 알아차리는 시간이다. 그 길에 만나는 풀이 질경이다. 한번은 차 한 대가 겨우 지나갈 너비의 둑방길을 걸을 때였다. 자동차 바퀴가 닿는 부분만 제외하고 길 전체가 풀로 뒤덮인 풍경이 무척 인상적이었다. 황톳빛 두 줄이 선명하게 궤적을 그리던 초록 길은 자동차의 흔적을 예술로 승화시켰다. 공간을 이토록 아름답게 만든 풀이 질경이라는 걸 알고 나니 그 풀이 더 궁금해졌다. 우리나라에서는 마차가 지나간 자리에 수북하게 난다고 해서 차전초라 불렀다. 독일에서는 '길의 파수꾼'이라고 한다. 풀이름에 길이 들어가는데 그러고 보니 산길에도 질경이가 있다. 질경이를 보고 길을 찾을 정도로 질경이는 사람이 다니는 곳에서 많이 자란다. 사람이든 차든 동물이든 밟히는 공간인 길에서도 질기게 살아남는 풀이니 옛사람들의 작명은 충실한 관찰에서 비롯되었다는 걸 알 수 있다.

밟히며 살아갈 정도라면 얼마나 억셀까 싶지만 질경이 잎은 생각보다 부드럽다. 그렇다고 온전히 부드러워서는 밟혔을 때 살아날 수가 없다. 질경이 잎에는 잎 모양을 따라 보통 다섯 줄의 나란히맥이 있는데 잎을 잡아당기면 맥을 따라 허연 실 줄기가 나온다. 외유내강이란 이런 거야, 하고 보여주기라도 하듯. 질경이는 줄기를 따로 내지 않고 뿌리에서 잎이 모여 나온다. 서로 감싸듯 잎이 달리는데 그 사이로 꽃자루가 나온다. 꽃자루 역시 밟히는 와중에도 살아남아야 하는데 이때 전략은 질경이 잎의 전략과 반대다. 외강내유, 겉은 단단하지만 속은 부드럽다. 왕래가 빈번한 곳에서 자라는 질경이는 꽃자루를 아예 비스듬히 뻗기도 한다. 밟혀서 완전히 짓이겨지지 않고 살아남는 방법을 질경이는 너무나 정확히 알고 있다. 꽃자루에 작은 흰 꽃이 피고 검은 씨앗이 맺히는데 바닥에 엎드려도 루페 없인 구분이 어렵다. 이 씨앗에는 젤리 같은 물질이 있어 물에 닿으면 부풀어 오르며 접착력이 생긴다. 이런 씨앗의 특성 덕에 질경이는 길에 살면서 지나가는 나그네의 신발 바닥, 마차 바퀴 그리고 21세기에

질경이.

는 자동차 타이어에 묻어 먼 곳까지 이동하며 영역을 넓혀나간다. 질경이 생김새 하나하나에 자손을 퍼뜨리려는 진화의 흔적이 묻어 있는 걸 알고 나니 질경이라는 이름이 참 잘 어울리는 풀이란 생각이 든다.

어엿한 이름이 있고 굉장한 생존 전략을 장착했어도 밭에서 질경이는 잡초일 뿐이다. 원치 않은 곳에 자라니 잡초고 가꾸지 않아도 자라 작물의 영역을 침범하니 잡초의 운명이다. 한때 《잡초는 없다》란 책이 제목만으로도 신선했던 적이 있었다. 그런데 사실 잡초는 있다. 영원히 잡초는 있을 것이다. 존재조차 확인하지 못한 식물이 지구 곳곳에 얼마든 있을 테고 그 식물을 한 번에 이를 말은 잡초다. 표준국어대사전에 잡초의 뜻으로 '가꾸지 않아도 절로 자라는 풀. 농작물 따위의 다른 식물이 자라는 데 해가 되기도 한다'고 나와 있다. 산림청이 펴낸 산림임업용어사전에는 잡초를 '초본식물로서 묘목을 기르는 밭이나 산지에 발생해서 임업상 해로운 것'이라 정의하고 있다. 잡초를 설명하는 말로 해가 된다거나 해롭다는 표현은 영 거슬린다. 지구에서 살아가는 생명을 누가 감히 해롭다고 판단할 수 있을까? 작물을 기르는 입장만 고려한 지극히 편향된 설명이다.

미국의 시인이자 자연주의 철학자였던 랄프 왈도 에머슨은 잡초를 일러 '그 가치가 아직 발견되지 않은 식물들'이라고 했다. 아직 가치를 발견하지 못했다고 유보하는 태도야말로 지구를 착취하며 살아가는 인류가 반성하며 배워야 할 태도가 아닐까 싶다. 식물도감을 살펴보니 질경이 잎이나 씨앗은 약으로 쓰이며 거의 만병통치약이라고 할 만큼 온갖 병에 잘 듣는다고 한다. 그렇다면 이미 질경이의 가치는 발견된 셈 아닌가? 인류의 수명이 길어지는 데에는 의학의 발전이 이바지한 바가 크다. 특히 신약 개발은 질병에서 인류가 살아남을 수 있는 확률을 높여주는데 생물다양성이 풍부할수록 신약의 원료를 얻을 가능성도 올라간다. 활용 측면으로 봐도 잡초라고 함부로 해롭다는 표현을 붙일 일은 아닌 것 같다.

민들레를 그리다 강인한 풀이 떠올랐고 그래서 질경이를 찾아 그리게 되었다. 밟히면서도 절대 기죽지 않는 풀이다. 오히려 밟힐 것을 대비하는 구조로 몸을 바꾸며 진화한 풀이다. 이제 밟히지 않으면 생존할 수 없는 숙명을 안은 풀이다. 질경이는 유연함과 강인함을 적절하게 반주하며 생존 전략을 세운 풀이라는 생각이 든다.

꽃가루를 옮기는 작지만 중요한 존재

뒤영벌 | 학명 ***Bombus agrorum***

벌목 꿀벌과의 뒤영벌속에 속하는 벌이다.
뒤영벌류는 식구들이 먹을 꿀과 꽃가루를 모은다.
현재 우리나라 농업에서 서양뒤영벌은 꽃가루를 옮겨
채소나 과일을 수확하는 데 이용된다. 호박벌도 뒤영벌의 한 종류이다.

동글동글한 생김새에 털북숭이인 뒤영벌.

—

목련 가지 끝마다 순백색 꽃등이 켜지는 계절이다. 겨우내 털 비늘로 꼭꼭 싸매고 있던 겨울눈이 따사로운 봄볕 아래 보따리를 풀고 환한 꽃을 피우면 유난히 눈에 띄는 새가 있다. 목련뿐만 아니라 벚나무, 매화나무, 동백나무에 꽃이 필 때도 고정 멤버처럼 끼는 새다. 새와 꽃이 어우러진 풍경이니 옛사람들이 많이 그렸던 화조도와 아름다운 새소리가 연상되지만 이 새는 그야말로 장대한 목소리를 지닌 직박구리 되시겠다. 새를 잘 모르는 사람들도 '찌익- 찍!' 시끄러운 소리라면 '아, 그 녀석!' 할 바로 그 새다. 꽃이 만개하는 봄에 꽃이 핀 나무에서 직박구리를 만난다면 분명 부리에 노란 꽃가루를 묻힌 채 앉아 있거나 꽃잎을 뜯어 먹고 있는 모습일 확률이 높다. 새가 꽃을 먹는 게 독특하다고 생각하다가 우리도 꽃을 먹는다는 사실이 떠올랐다. 진달래나 맨드라미꽃으로 화전을 만들고 샐러드나 비빔밥 재료로 꽃잎을 먹으니까. 그렇지만 여전히 꽃은 먹을 때보다는 볼 때가 익숙하다.

직박구리가 꽃을 먹는다는 걸 알게 된 건 바닥에 떨어진 꽃잎을 발견하고서다. 목련꽃은 우아한 순백색과 달리 갈변하면서 지저분하게 진다. 그런데 좀 뜯기긴 했어도 아직 순백색인 꽃잎이 여기저기 떨어져 있어 사연이 궁금했다. 어느 날 나뭇가지에 앉아 있던 직박구리가 찌익! 소릴 지르더니 포로록 날아가는데 그 아래에 뜯긴 꽃잎이 여기저기 널려 있었다. 까마귀 날자 배 떨어지는 게 아니라 직박구리 날자 목련꽃 떨어진다고나 할까. 심증에 물증까지 더해지니 웃음이 났다. 꽃잎을 뜯어 먹느라 이꽃 저꽃 수선스레 옮겨 다니며 깃털에 꽃가루를 묻힐 테고 그렇게 묻은 꽃가루는 또 다른 꽃의 암술머리에 가 닿아 열매를 맺는 데 일정 부분 역할을 할 거라 믿는다. 말하자면 꽃잎 먹는 값을 치르는 셈이니 공짜 점심은 어디에도 없다.

목련은 현재까지 살아남은 가장 오래된 꽃식물로 아직 새나 곤충이 지구상에 등장하기 이전인 백악기 초기 그러니까 적어도 1억 2천만 년 전에 등장했다고 한다. 매개동물이 없던 시절부터 살았기에

우아한 순백색의 목련꽃.
가장 오래된
꽃식물이라는 게
놀라울 뿐!

꿀을 만들 필요가 없다가 이후 등장한 곤충과 새의 도움을 얻고자 진화하며 향기를 갖게 됐다고 한다. 목련은 키가 커서 꽃향기를 맡기가 쉽지 않지만 그래도 봄날 그윽한 향기에 취해보길 권한다. 박목월은 목련꽃 그늘 아래에서 베르테르의 편지를 읽는다는 시를 썼다. 많은 꽃 가운데 시인이 목련을 고른 까닭은 꽃의 자태뿐 아니라 향이 그만큼 진하고 로맨틱하기 때문이었을까?

꽃과 새의 조합도 좋지만 꽃 하면 제일 먼저 떠오르는 건 벌이다. 벌은 우리에게 양가감정을 불러일으키는 동물이다. 꿀과 화분, 프로폴리스, 로열젤리같이 귀한 먹을거리를 공급해주니 고맙다가도 추석 무렵 벌초하다가 말벌에 쏘이는 뉴스가 보도되면 세상의 모든 벌이 공포의 대상이 되기도 한다. 하지만 이건 우리가 벌을 제대로 모르기 때문에 생기는 공포 아닐까? 목련이 만개하던 어느 날 지인이 올린 사진이 눈에 들어왔다. 목련꽃 속에 파묻힌 채 다리만 보이는 호박벌 사진이었다. 겨울 끝자락에 벌이 집단으로 실종됐다는 참혹한 뉴스를 접한 터라 얼마나 반갑던지. 동글동글한 생김새에 털북숭이인 호박벌은 민첩하지 않은 데다 붕붕거리는 소리마저 귀여운 벌이다. 뒤영벌 종류는 몸에 털이 빽빽하게 덮여 있어 추운 지방에서 진화한 종으로 알려져 있다. 2022년 8월 영국 런던 자연사 박물관 연구진은 영국 생태학회지 〈동물 생태학 journal of animal ecology〉에 "지난 20세기에 제작된 호박벌 표본을 살펴본 결과 날개가 비대칭으로 발달했다"는 내용의 논문을 발표했다. 특히 호박벌 가운데 뒤영벌과 붉은꼬리 호박벌의 날개 비대칭 정도가 심했다고 하는데 평년에 비해 기온이 높고 많은 강수량이 지속된 해에는 호박벌 종류가 모두 날개 비대칭률이 높게 나타난 걸로 나왔다. 환경의 변화로 가뜩이나 먹이 경쟁이 치열해진 데다 살충제와 제초제 사용량 증가, 서식지 파괴, 기후변화 등이 겹치면서 날개 비대칭률이 높게 나타난 것으로 분석하고 있다. 비대칭 날개는 벌의 비행에 악영향을 끼치게 되고 결국 생존에 영향을 줄 것이다.

목련꽃 속으로
부지런히 파고드는 호박벌.

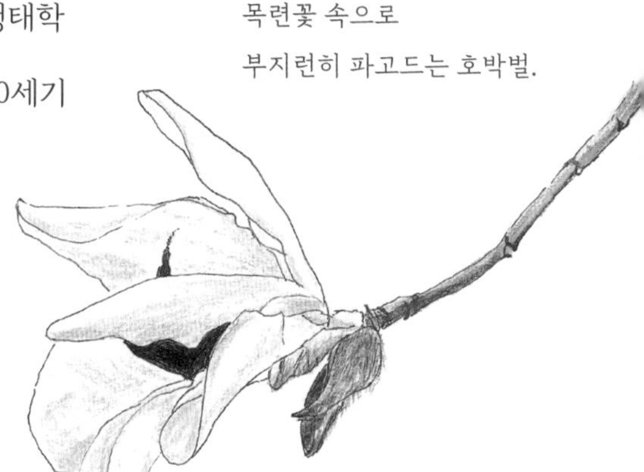

2022년 2월부터 양봉 농가에서 겨울을 나던 꿀벌이 집단으로 실종된 사실이 알려졌고 전국에 있는 벌통의 17.4%가 사라진 걸로 최종 집계되었다. 벌통 하나에 살고 있었을 벌의 마릿수를 정확히 따질 순 없지만 많게는 100억 마리 가까운 벌이 사라졌을 걸로 추정하고

있다. 숫자는 우리의 감각을 무뎌지게 만드는 경향이 있다. 가늠할 수 없이 큰 숫자는 더욱 그렇다. 미디어에서 앞다퉈 이 소식을 요란스레 다루는 까닭은 벌의 실종 그 자체가 안타깝다기보다 우리의 먹을거리가 위협받기 때문이다. 각종 미디어에서는 벌이 꽃가루를 옮겨 주는 대가로 우리 식탁이 얼마나 다채로워졌는지 연일 보도해댔다. 가령 비닐하우스에서 재배하는 파프리카, 토마토 등의 수분에는 서양 뒤영벌이 많은 도움을 주고 있다(참고로 꽃가루 모으기 전문가인 뒤영벌은 꿀벌보다 꽃가루받이를 잘한다). 이런 상황에 꽃가루를 옮겨다 주는 수분 매개자가 줄어든다면 딸기, 고추, 단감, 수박, 사과 등을 재배하는 과수와 채소 농가가 피해를 입을 뿐만 아니라 먹을거리 전반에 큰 문제가 생길 것이다.

아무리 그렇대도 벌의 존재 이유가 인간의 위장을 채워주는 노동자로 인식되는 세상은 개탄스럽다. 벌은 우리보다 훨씬 이전부터 지구에 존재했다. 벌은 수분 매개자로서 식물의 진화에 기여해왔고 그 틈바구니에서 인류는 많은 도움을 받았다. 이미 꿀벌은 지구상에서 돼지나 소처럼 가축의 지위에 올라 있다. 기여하는 바가 큰 만큼 우리는 꿀벌에게 어떤 대접을 해야 할까? 꽃이 피었을 때 벌이 마음껏 꿀을 모으게 하고, 벌이 건강하게 살 수 있는 환경을 망가뜨리지 않으면 된다. 예측할 수 없이 뒤죽박죽인 기상현상은 여러모로 꿀벌에게 혹독하다. 꽃 피는 봄날이 연일 고온 건조하면서 꿀벌에 기생하는 응애 발생률이 폭증하고 이로 인한 살충제 사용은 돌고 돌아 또다시 꿀벌의 생존을 위협한다. 꿀벌 실종은 하나의 원인이 또 다른 피해의 원인이 되면서 빚어진 총체적 난제를 우리에게 안겨줬다. 꽃 속에 파묻혀 꿀을 따고 탱글탱글 꽃가루를 뒷다리에 붙여 모으는 벌의 모습을 보려면 얼마나 많은 조건이 필요한지 새삼 느낀다.

새들도 주택난으로 힘들어

박새 | 학명 ***Parus major***

참새목 박새과 조류. 몸길이 약 14cm.

러버콘 속에
둥지를 짓느라
이끼 물고 들어가는박새.

—

봄 새벽은 새들의 지저귐으로 열린다. 1년 중 새소리가 가장 아름다운 계절이 봄이다. 동틀 무렵 새들의 합창은 절정에 달하는데 숲에 저토록 다양한 새가 있었나 싶으리만치 소리가 알록달록하다. 해서 이 무렵이면 새벽에 일어나 창도, 귀도 활짝 열게 된다. 저 많은 새가 제각각 목청 돋워 소리를 내면 과연 서로의 짝을 찾을 수 있을까 궁금한데 새들은 사방에 둘러싸인 소음 안에서도 자기에게 중요한 소리만 콕 집어낸다. 일명 칵테일파티 효과다. 또 시끄러운 소리에 응대하기 위해 자신의 소리를 크게 내기도 한다. 그러니 각자 필요한 의사소통은 다 가능하면서도 새벽 찬가를 목청껏 부르는 거다. 그렇다면 모든 새가 이렇듯 새벽 찬가를 부를까? 달빛 세레나데를 주로 남성이 불렀듯 새벽 찬가도 수컷 새가 주로 부른다. 동물학자인 팀 버케드는 《새의 감각》에서 '다른 수컷에게는 "저리 가", 암컷에게는 "이리 와" 하고 장거리 신호를 보내는 것'이라 했다. 때로 모르고 느끼는 세상이 낭만적일 때가 있다. 봄의 새소리에 암컷의 환심을 사려는 수컷의 계산이 깔려 있다는 걸 알게 됐지만 그럼에도 이즈음 새소리는 범사에 감사한 마음을 갖게 만든다.

봄은 1년 중 숲이 가장 바쁘고 떠들썩해지는 계절이다. 아름다운 새소리가 새벽 공기를 공명하면 겨울눈은 잎으로 꽃으로 펑펑 터진다. 여린 잎이 돋아나는 시기에 맞춰 곤충 애벌레들이 절정을 이루고 이에 발맞춰 짝짓기를 마친 새는 알을 낳고 새끼를 기른다. 그 알을 낳고 새끼를 기르는 데 필요한 둥지를 짓는 것도 바로 이 무렵이다. 앞서 잠깐 언급했듯 새들의 집 짓기는 무척 다양하다. 딱따구리처럼 나무에 구멍을 뚫는 새가 있는가 하면 딱따구리가 쓰다 버린 나무 구멍을 재활용해 둥지로 쓰는 흰눈썹황금새, 파랑새, 박새, 호반새, 소쩍새 그리고 동고비도 있다. 물총새는 흙 벼랑에 구멍을 파고 둥지를 만든다. 제비는 처마나 벽에 진흙을 붙여 둥지를 만든다. 까치처럼 나뭇가지를 물어다 적당한 곳에 둥지를 짓는 새도 있다. 물에 사는 뿔논병아리는 물 위에 수초를 모아 둥지를 만들고 바닷가 모래밭에 주로 서식하는 흰물떼새는 모래 위에 발뒤꿈치로 쿡 찍은 듯한 크기의 오목한 둥지를 만든다.

최근에 둥지 재료에 변화가 생겼다. 반려동물 천만 시대다 보니 산책하는 개에게서 나온 개털이 풍부해진 것도 재료

흰물떼새 알.

변화에 영향을 미쳤다. 개털은 이끼만큼이나 폭신해서 박새가 둥지 재료로 애용한다. 나뭇가지나 마른 풀 대신 나일론 끈을 주재료로 사용해서 만든 둥지도 늘어나는 추세다. 등산객이 버렸을 법한 물티슈를 꾀꼬리가 물어다 만든 둥지도 있다. '이런 걸 산에다 버리니? 반성 좀 해라, 이 인간들아.' 이런 항변을 하려 둥지에 걸쳐놓은 거라 믿고 싶다. 진심 어린 반성이 필요한 대목이다.

한 다큐멘터리에서 박새 한 마리가 이끼를 잔뜩 물고 주차 금지용 러버콘 속으로 들어가는 장면을 봤다. 신기하면서 동시에 충격이었다. 박새는 그곳을 한동안 들락거렸다. 그 안에서 어떤 일이 벌어지고 있는지는 부리에 물고 있는 품목이 이끼에서 애벌레와 곤충으로 달라지는 것을 보며 알 수 있었다. 그곳에 집을 지었고 새끼에게 먹이를 가져다주고 있는 것이었다. 새들도 주택난에 시달린다는 사실은 이미 좀 지난 얘기다. 그런데도 박새가 러버콘 속에 둥지를 틀고 육추하는 장면을 보니 마음이 착잡하다. 적당한 장소가 그렇게도 없었던 걸까? 그곳에 둥지를 틀어야겠다고 정하기까지 박새도 이것저것 꽤 까다롭게 재고 또 쟀을 텐데. 러버콘이 붙박이가 아니라 인간의 필요에 따라 이곳저곳에 옮겨져 쓰이는 물건이라는 걸 박새는 알 도리가 없었겠지. 어쩌면 올해 처음 짝짓기를 한 새라 그곳을 집으로 정했을

지도 모른다. 경험치가 쌓인 박새라면 적어도 러버콘은 피하지 않았을까? 영상을 보는 내내 여러 생각이 일어났다 사라지기를 반복했다. 생각의 갈래 어디쯤에서 울컥 슬픔이 일기도 했다. 작은 새의 출발이 번듯한 둥지였더라면 얼마나 좋았을까 싶었으니까.

위부터 우편함을 둥지로 삼은 딱새,
러버콘 속에 집을 짓고 있는 박새,
신발장에 집을 지은 딱새.

2010년 태풍 곤파스가 한반도 내륙을 관통하면서 뿌리째 뽑히는 나무가 많았다. 태풍이 아니어도 오래된 동네의 아름드리나무는 재개발로 사라지며 새들이 집 지을 곳이 줄어들고 있다. 게다가 수목을 보호한다는 명목으로 나무 구멍을 막아버리는 일이 많다. 나무에 자연스레 생긴 구멍은 나무 건강에 별문제가 되지 않을 뿐만 아니라 여러 새들이 둥지로도 사용하는데 이를 막아버리니 새들이 둥지를 틀 곳은 갈수록 줄어든다. 다행히 이런 새들의 처지를 이해하는 사람들이 둥지를 대체할 장소를 마련해주는 등 새들을 도울 방법을 모색했다. 탐조 역사가 오래된 일본에서는 제비 둥지가 있던 도쿄 도심의 한 건물이 리모델링을 하자 그곳에 인공 둥지를 달아주기도 했다.

한편 스웨덴에는 새 둥지를 닮은 주택도 등장했다. 스웨덴은 2015년과 2016년에 15만 명이 넘는 시리아 난민을 받았다. 유럽연합이 난민 수용 의무 할당을 제시한 이후 독일에 이어 두 번째로 난민을 많이 받은 나라다. 스웨덴 전체 인구의 10%가 넘는 난민을 받으면서 주택을 무상 제공했는데 이렇게 유입되는 인구로 주택난이 생겼다. 주택 문제를 해결하기 위해 나온 아이디어 중 하나가 스웨덴어로 새 둥지라는 뜻의 네스틴박스Nestinbox였다. 새 둥지라고 불리는 이 주택은 지상이 아닌 벽면에 짓는 집이다. 새들이 절벽 중간에 둥지를 짓는 것에서 착안했다고 한다.

박새가 열심히 육추 중이던 어느 날 그 러버콘을 공원에서 일하는 이가 가져가 버렸다. 그 속에다 새가 둥지를 틀고 새끼를 기를 거라고 대체 누가 상상할 수 있을까? 먹이를 물고 돌아온 어미 박새의 당혹스러워하던 모습은 무거운 여운으로 내게 남아 있다. 오직 주차 금지를 위한 도구 그 이상의 의미가 아니었던 러버콘을 이제는 예사로이 지나치지 못할 것 같다. 특히 봄에서 여름을 지나는 시기에는 한 번쯤 걸음을 멈추고 혹시나 그곳에서 들리는 소리며 주변을 살필 것 같다. 만약에, 만약에 어떤 신호가 감지된다면 그렇다면 나는 무엇을 할 수 있을까? '여기 새가 새끼를 기르고 있어요. 우리 함께 지켜줘요.' 이런 글자를 붙이는 건 과연 새에게 도움이 될 수 있을까? 발걸음을 멈추는 일만으로는 부족한 것 같은데 발견 이후에 어떤 조치를 취해야 할지 모르겠다. 늘 지혜에 허기가 진다.

도시의 피난처, 가로수

벚나무 | 학명 ***Prunus jamasakura***

장미과에 속하는 낙엽성 교목.

봄철에 다섯 장의 오목한 꽃잎이 핀다.

4~5월에 분홍색 또는 흰색 꽃이 피고, 여름에 검은색 열매(버찌)가 익는다.

도시의 분위기를 바꿔주는 가로수.

봄이면 벚꽃이 기다려진다.

—

회색빛 콘크리트 빌딩이 빼곡한 도시도 1년에 몇 벌 옷을 갈아입을 때가 있다. 화사한 벚꽃이 필 때가 그렇고 은행나무에 노란 물이 들 때가 그렇다. 도시 분위기를 바꿔주는 가로수가 있어서 얼마나 다행인지. 종일 시커먼 매연을 뒤집어쓰고 소음에 시달리는 나무의 존재를 우리는 평소 알지 못한다. 늘 같은 자리를 지키고 있어도 관심이 없으면 눈에 보이지 않는 법이니까. 어느 날 그 존재가 빛나는 때는 계절이 바뀌면서 과감한 변신을 할 때다.

생각해보면 이산화탄소를 흡수하고 산소를 공급한다는 기본적인 상식 말고도 나무가 우리에게 주는 건 많다. 뜨거운 여름날 나무 그늘은 폭염 피난처가 될 수 있다. 내리쬐는 볕에 달궈진 건물과 아스팔트에다 에어컨 실외기에서 내뿜는 열기까지 합세해 뜨거워진 여름의 대기는 밤이 되어도 식질 못한 채 도시를 열섬으로 만든다. 하지만 다행스럽게도 나무의 증산 작용은 주변 온도를 떨어뜨리는 효과가 있다. 도시에 나무가 없다면 매미 소리를 어떻게 들을 수 있을까? 나무가 있으니 새들이 내려앉을 수도, 새끼를 기르기 위해 둥지를 틀 수도 있고 우리가 새소리를 들을 수도 있다. 그런데 나무는 베푼 만큼 대접받고 있을까? 가게 간판을 가린다며 건물에 그늘이 생긴다며 표지판이 안 보인다며 나무에 앉은 새가 똥을 눠서 아래 세워둔 자동차가 피해를 본다며 가지치기 민원을 넣는다. 심지어 나무를 아예 잘라버리라고도 한다. 가장 시끄럽고 오염 심한 길가에 세워진 가로수는 걸리적거리고 귀찮은 그래서 뽑아버리고 싶은 장애물로 홀대받는다.

해마다 늦겨울부터 봄까지 대대적인 가지치기가 이뤄진다. 이 무렵 가로수는 또 한 번 눈길을 끈다. 흉측한 모습으로. 해마다 반복되는 일이다 보니 누구 할 것 없이 가지치기는 당연한 걸로 알고 지냈다. 그러다 2020년 서울시가 덕수궁 돌담 앞에 있던 양버즘나무 20여 그루를 베어버리겠다고 발표하며 가지치기 문제가 수면 위로 올라왔다. 53년이나 된 나무뿌리가 덕수궁 담장에 균열을 일으킨다는 게 벌목의 이유였는데 시민들은 '나무로 인해 담장에 균열이 생긴다면 담장을 보수할 일이지 53년이나 된 나무를 베어버리면 그 역사는 영영 사라지는 것이며 큰 나무의 문화 경관적 가치를 간과하는 행정'이라고 반발했다. 나무를 벌목하는 것에 대한 의견이 절충점을 찾지 못하자 결국 서울시는 나무를 그대로 두기로 최종 결정을 내렸다. 그렇지만 여전히 가로수를 가지치기하거나 베어야 한다는 목소리는 많다. 키 큰 나무는 뿌리가 얕아서 태풍 등에 쓰러질 수 있어 위험하므로 베자는 의견이 있다. 한국전력은 가로수가 전선 관리에 방해되기 때문에 강하게 가지를 치거나 벌목을 계속해오고 있다.

과도한 가지치기로 볼썽사나워진 가로수.

가지치기는 무조건 안 된다거나 나무가 뻗고 싶은 대로 가지를 무한정 두자는 게 아니다. 그래도 뼈대만 남기는 식의 강한 가지치기는 나무의 건강을 해칠 수 있으니 지양해야 한다. 국제수목관리학회ISA도 과도한 가지치기를 잘못된 방식이라 규정한다. 나뭇가지의 25% 이상을 가지치기해서 없애버린다면 나무는 광합성을 제대로 할 수 없어 굶주릴 수 있다고 한다. 가지치기를 마구 해서 말라죽는 가로수가 해마다 1만 6천 그루에 이른다. 가지치기가 아니어도 나무는 괴롭다. 도시의 가로수는 뿌리를 넓고 깊게 뻗기가 어렵다. 땅속 영역이 이미 여러 용도로 사용 중이기 때문이다. 뿌리가 얕으니 갈수록 심해지는 겨울과 봄 가뭄에 가로수는 고스란히 그 피해를 볼 수밖에 없다. 가로수를 보호한다며 설치한 보호 틀이 나무 밑동을 파고 들어가기도 한다. 보호란 설치로 끝나는 게 아니라 꾸준한 관심을 요하는 일이다.

가로수에 곱지 않은 시선을 보내는 데는 여러 이유가 있지만 그중에는 낙엽 문제도 있다. 집중호우가 내리면 순식간에 물이 빠져나갈 수 없어 하수구가 역류하고는 하는데 이때 트리거가 되는 게 하수구를 막는

단풍 든 플라타너스 잎.
종종 하수구를 막아
문제가 되기도.

낙엽이다. 또 비가 내리면 낙엽이 도로나 인도에 코팅 역할을 해서 사고로 이어질 수도 있다. 그래서 쌓이는 족족 쓸어 담고 때론 아직 가지에 달린 낙엽을 인위적으로 떨구기도 한다. 이래저래 가로수는 괴롭다. 왜 나를 이 도시로 데려왔느냐 항변이라도 하고 싶을 것만 같다.

가을철 고약한 냄새를 풍기는 은행 열매도 가로수를 부정적으로 인식하게 하는 문제 중 하나다. 그런데 최근에는 은행나무 중간에 그물망을 설치해서 은행이 땅으로 떨어지지 않도록 조치를 하는 모습

은행나무 열매를 막는 그물망.
가로수와의 공생을 위한 방법이라
인상 깊다.

이 눈에 띈다. 보기 싫으니 없애야 한다는 발상은 나무를 향한 폭력이다. 하지만 이 그물망처럼 폭력 대신 공생을 선택한 모습이 도시를 품격 있게 만든다.

해킹이라는 단어에는 부정적인 이미지가 먼저 떠오르지만 시빅해킹Civic Hacking은 긍정적인 용어다. 이때 해킹은 문제를 빠르게 창의적으로 해결한다는 의미다. 다양한 시민들이 모여서 디지털 기술을 활용해 정부나 공공기관에서 해결하지 못하는 공공의 문제를 풀어내자는 사회운동이 시빅해킹이다. 미국 시민단체인 코드포아메리카에서 시작된 시빅해킹은 현재 31개 나라에 파트너 기관을 두고 있다. 정부나 시민이 자발적으로 공개한 데이터를 재가공해서 합법적으로 공공 활동에 필요한 데이터로 구축하고 비슷한 문제를 겪는 곳에서 무료로 쓸 수 있도록 데이터를 공개하는 활동이다. 코로나19 초기에 마스크 대란이 발생했을 때 시빅해커들의 역할이 지대했다. 개인 정보를 보호할 수 있는 안심 번호와 공적 마스크 재고량을 약국별로 확인할 수 있는 앱을 만들어 K방역의 위상을 높이는 데 크게 이바지했다. 가지치기에 관심 갖는 시민들이 늘어나고 있다는 것은 반가운 일이다. 시빅해킹의 하나로 내 지역 가로수 관리 앱을 만들어봐도 좋겠다. 나무에 관심 있는 사람들이 모여 가로수 지도를 만들고 가로수를 한 그루씩 입양하면 어떨까? 나무에 애칭을 붙여주면 식구처럼 느껴지고 그 나무의 안부가 궁금해질 것 같다. 해마다 반복되는 나쁜 관행을 바꿀 수 있는 건 시민들의 관심 덕분이다.

벚꽃 잎 분분히 날리는 봄날 일본의 선승 잇큐의 글귀가 떠오른다. "벚나무 가지를 부러뜨려 봐도 그 속엔 벚꽃이 없네. 그러나 보라, 봄이 되면 얼마나 많은 꽃이 피는가."

벚꽃 잎 분분히 날리며 봄날은 간다.

부엔 비비르,
인간과 자연이 조화를 이루며 공존하는 삶

4월 22일 지구의 날

1969년 1월 28일 캘리포니아주 샌타바버라 인근 원유 유출 사건을 계기로

시민들이 자연 훼손과 환경오염으로부터

지구를 지켜야 한다고 한목소리를 내며 만들어진 날.

지구를 지키기 위해 오늘 내가 이어갈 수 있는 일.
물건을 오래 쓸 것, 쉽게 사지 말 것.

—

손바닥 크기의 파우치가 하나 있다. USB를 보관하는 주머니인데 강의 때 들고 다니는 걸 제외하면 대개 책상 위에 있다. 어느 날 강의를 마치고 USB를 넣다가 보니 모서리마다 닳아서 허연 안감이 보인다. 낡은 걸로 봐선 몇 년이 족히 흐른 듯한데 어느 틈에 이렇게 닳았는지 놀랍기도 하고 한편 이렇게 닳도록 무언가를 써본 게 오랜만이란 생각도 들었다. 자고 일어나면 새로운 물건이 쏟아져 나오는 데다 물건값마저 비싸지 않으니 쉽게 사고 쉽게 버리는 요즘 세태에 말이다. 닳고 닳아서 겉감이 다 해지고 하얀 안감만 남도록 써보고 싶다는 생각이 문득 들었다. 한 물건을 오래도록 쓴다는 건 어떤 의미가 있을까? 물건을 만들어 쓰던 시대에서 구매해서 쓰는 시대로 넘어가면서 내가 소비하는 물건 하나를 생산하기 위해 얼마나 많은 것들이 뒷받침되어야 하는지 우리는 알 길이 없다. 물건 하나가 세상에 나왔다 사라지는 과정에 사연과 이야기는 차고 넘치도록 많을 것이다. 원료를 채굴하는 시점부터 사용된 에너지, 광물 자원 사용과 그로 인해 여러 환경에 끼치는 오염물질 총량을 정량화해서 환경에 미치는 영향을 따지는 전 과정평가LCA Life Cycle Assessment는 그래서 유의미하다.

플로리안 데이비드 핏츠 감독의 영화 〈100일 동안 100가지로 100퍼센트 행복 찾기〉는 첫 화면에 '57, 200, 650 그리고 1만 개'라는 숫자가 등장한다. 영화는 숫자의 의미에 한껏 궁금증을 일으키면서 시작되는데, 이 숫자는 증조부 시대부터 조부모와 부모를 거쳐 오늘 우리가 평생 사용하는 물건의 개수다. 사용하는 물건은 시대를 거치며 계속 증가했다. 물건이 증가했다는 것은 편리함 혹은 풍족함이란 말로 달리 표현할 수 있다. 그렇다면 이 물건의 개수와 인간의 행복은 비례할까? 영화에 등장한 폴과 토니는 어릴 적부터 친구 사이로 스타트업 회사를 운영하고 있는데 폴이 개발한 앱이 대박을 터뜨리며 하루아침에 백만장자 반열에 오를 타이밍을 맞이한다. 이들은 축하 파티를 열며 흥겨워하다 취중 내기를 한다. 모든 물건을 창고에 집어넣고 빈털터리 상태에서 하루에 하나씩 100일 동안 100가지 물건을 소유하기로. 포기하는 자가 지는 게임이다. 술이 깨고 알몸인 상태에서 후회하지만 이미 늦었다. 일단 뼛속 깊이 스며드는 칼바람을 막아줄 옷이 필요한데 그러려면 물건이 있는 창고로 가야 하니 몸뚱이를 가릴 무언가가 필요했다. 제로베이스에서 인간은 어떤 이유로 어떤 물건을 필요로 하는지, 또 저마다의 가치관에 따라 누구에겐 절실한 게 누구에겐 의미 없는 물건일 수 있다는 걸 영화는 보여준다. 완벽한 자기 관리를 중요하게 생각하는 토니는 여자 친구를 만나러 가야 하는 바로 그날 눈병이 난다. 해서 입고 있던 바지와 선글라스를 맞바꾼다. 할머니의 물건을 정리하려는 엄마에게 폴은 '할머니에 대해 아는 게 거의 없으면서 어떻게 할머니 물건 가운데 필요한 것을 우리가 추릴 수 있느냐'고 묻는다.

'수막 카우사이Sumak Kawsay'라는 말이 있다. 안데스 지역에 살고 있는 케투아, 아이마라 선주민이 살아가는 공동체의 삶의 방식을 표현한 것으로 '인간과 자연, 인간과 인간의 관계가 자연과 조화를 이루며 공존하는 삶이면서 사회적인 평등을 추구하는 삶'이라는 뜻이 담긴 케초아어다. 스페인어로는 '부엔 비비르Buen Vivir'라고 하며 좋은 삶 정도로 표현할 수 있다. 이 개념이 이론화되기 시작한 것은 20세기 말에서 21세기 초였다. 베를린 장벽 붕괴와 구소련의 붕괴 등을 지켜본 진보 지식인들이 선주민들의 세계관에서 대안을 찾기에 이른 것이다. 더 거슬러 올라가면 70년대 두 번의 오일쇼크와 80년대 외환위기를 극복하는 과정에서 라틴아메리카에 끼친 신자유주의의 거센 물결과 90년대 워싱턴 합의Washington consensus(미국과 국제 금융자본이 미국식 시장 경제 체제를 개발도상국가의 발전 모델로 삼도록 강요한 것)의 후유증에 대한 반작용이랄까?

신자유주의가 나라마다 유입되기 시작하면서 관세 등 각종 규제가 철폐되고 무한 경쟁과 정부의 긴축 재정, 민영화 등이 시작되었다. 양극화가 심해지고 이에 대중들의 불만이 높아지면서 부엔 비비르가 대안적 발전 모델로 떠오르게 된다. 에콰도르와 볼리비아는 헌법에 부엔 비비르를 명문화했다. 2008년 에콰도르는 신헌법에 '자연의 권리'를 포함시켰다. 자연에 권리를 준다는 것은 물질적인 풍요로움을 넘어 자연과 인간의 조화를 추구한다는 의미로 읽힌다. 실제 에콰도르는 야수니 이니셔티브Yasuni Initiative를 제안하기도 했다. 야수니 국립공원에는 에콰도르 전체 석유의 20%가 매장돼 있지만 선주민과 환경 보호를 위해 석유 자원 개발을 포기하겠다는 선언이었다. 대신 개발을 포기하면서 발생하는 손해를 국제 사회가 보상해줄 것을 제안했다. 국제 사회가 화답했더라면 야수니 국립공원은 개발 광풍을 피해갈 수 있었겠지만 결국 그러지 못했다. 에콰도르에서 석유를 채굴하는 문제는 결코 한 나라의 문제가 아니다. 오늘날 기후문제가 전 지구적 문제라는 것만 보더라도.

1969년 1월 28일 캘리포니아주 샌타바버라 인근 원유 시추 시설에서 폭발물을 이용해 시추하던 중 파열이 일어났다. 갈라진 틈으로 원유 10만 배럴이 쏟아져 나오면서 일대 수백 제곱마일의 바다를 오염시켰다. 바다로 유출된 기름은 가라앉아 해저생물과 해양생태계에 두고두고 치명적인 피해를 끼치게 되었다. 당시 이 사건을 계기로 시민들이 자연 훼손과 환경오염으로부터 지구를 지켜야 한다고 한목소리를 내며 만든 날이 4월 22일 지구의 날이다.

"우린 전부 가진 세대예요. 먹고 싶을 때 먹고 행복하지 않을 이유가 없어요. 그런데 왜 우리의 행복은 오래가지 않을까요?"

20세기 두 번의 양차 대전 이후 인류는 눈부신 경제 성장으로 많은 부를 누리고 산다. 그런데 왜 행복은 늘 답보 상태일까? 아니 과거보다 불행하다는 이들이 더 많다. 이스털린의 역설이 아닐 수 없다. 모두 다 같이 가난해지면 차라리 좋겠다고 말하는 사람도 있다. 내가 무엇을 원하는지조차 생각해볼 겨를 없이 세상의 평가를 중시하고 타인과 비교하기 때문에 행복감을 얻기 어려운 건 아닐까? 영화 〈100일 동안 100가지로 100퍼센트 행복 찾기〉가 오래도록 여운을 남기는 까닭은 이 질문에 아직도 답을 찾지 못한 데 있다. 우리의 행복은 어디에 있으며 무엇이 행복일까? 묻고 또 물으며 대답을 찾아가는 여정에 부엔 비비르는 긴요한 이정표가 될 것 같다.

천덕꾸러기 신세가 된 새들의 호텔

아까시나무 | 학명 ***Robinia pseudoacacia***

쌍떡잎식물 콩목 콩과의 낙엽교목.

원산지는 북아메리카.

5, 6월에 개화한다.

우리가 아는 동요
'과수원 길' 속
'아카시아'는
사실 '아까시나무'다.

—

MZ세대에겐 낯설지만 '과수원 길'은 동요라기보다 전 국민 애창곡이었다. 동구 밖 과수원길에 아카시아꽃이 하얗게 핀 풍경을 묘사하는 가사가 많은 이들에게 고향의 향수를 불러일으켰던 것 같다. 1972년에 이 곡이 나왔을 당시는 우리나라가 전쟁의 후유증을 딛고 산업사회로 막 진입하던 때였다. 고향을 떠나 도시로 밀려든 사람들의 고단한 일상에 이 노래는 적지 않은 위로가 되지 않았을까? 노래를 듣거나 부르며 고향을 그리워했고 나아가 꽃향기만 맡아도 고향을 떠올리는 시니피에(기의)로 이 노래는 역할을 했던 것 같다. 그렇게 친근한 아카시아가 사실은 아까시나무의 오류였다. 뭘 그리 까탈스럽냐고 할 수 있지만 아카시아는 호주와 아프리카, 아까시나무는 북아메리카가 원산지로 둘은 서로 종이 다른 식물이다. 아까시나무 학명은 Robinia pseudoacacia로 pseudo는 가짜라는 뜻이다. 그러니까 우리는 가짜를 생략한 채 가짜 이름으로 불러왔던 거다.

아까시나무가 우리나라에 처음 들어온 건 일제강점기라고 하지만 본격적으로 심기 시작한 건 1973년 녹화 사업이 시작되면서다. 우리나라의 산림은 일제강점기 때 목재 수탈을 겪고 한국전쟁 이후 황폐해진 데다 땔감으로 나무를 많이 베면서 그야말로 형편없는 상황이었다. 산에 흙을 잡아둘 나무가 사라지자 비만 오면 수해가 발생했다. 숲이 제 역할을 해야 사람들의 삶도 안정될 수 있다는 걸 깨닫고 정부는 민둥산에 나무를 심기 시작했다. 워낙 척박하다 보니 그런 환경에서도 잘 자랄 수 있는 나무를 골랐는데 그게 아까시나무와 포플러(양버즘나무)였다. 얼마나 많이 심었으면 두 나무 모두 동요로 만들어져 불렸을까?

5월 아까시나무에 주렁주렁 꽃이 피기 시작하면 양봉 농가는 바빠진다. 꽃이 피는 지역을 따라 벌통을 옮겨 다니며 채밀해야 하기 때문이다. 우리나라 꿀 채취량의 70% 이상이 아까시나무꽃에서 나오니 꽃이 피는 경로를 따라 벌통이 움직이는 셈이다. 그런데 최근 10여 년 사이 꿀 생산량이 감소하기 시작했다. 위도에 따라 꽃이 피는 시기는 보름 정도 차이가 있어 차례대로 채밀할 수 있었는데 최근 들어 꽃이 피는 봄에 이상고온 현상이 잦아지고 있어서다. 기온이 높으니 전국에 있는 아까시나무꽃이 한꺼번에 일찍 피고 일찍 진다. 시기가 이르게 피다 보니 갑자기 내린 서리에 냉해를 입기도 한다. 이렇게 되면 꽃만 영향을 받는 게 아니라 벌도 영향을 받을 수밖에 없다. 개화 시기가

3, 4일에서 일주일까지 빨라지면서 양봉 농가의 경제적인 손실도 상당하다. 꿀 생산량이 줄어든 또 하나의 이유에는 아까시나무를 많이 베어버렸기 때문도 있다.

표토가 모두 쓸려 내려가며 오랜 시간 헐벗은 산에 아까시나무를 심은 건 신의 한 수였다. 아까시나무는 콩과 식물로 질소를 고정하며 스스로 양분을 만든다. 토양에 비료와 같은 역할을 한다고 해서 아까시나무를 비료목이라고 부르기도 한다. 아까시나무는 토양을 빠르게 안정시켰고 이후 숲에 자연스레 식생이 형성되어 오늘 우리는 울창한 숲을 갖기에 이르렀다. 게다가 아까시나무는 벌꿀 나무라 불릴 정도로 꽃에 꿀이 많다. 양봉 산업이 성장하는 데 결정적인 역할을 했던 이런 귀한 나무가 이젠 천덕꾸러기 신세로 전락해버렸다. '목재로서 가치가 없다', '탄소 흡수율이 떨어진다', '태풍에 약해서 자꾸 쓰러진다' 같은 이유로 아까시나무는 무참히 벌목됐다.

헝가리는 산림의 4분의 1이 아까시나무다. 아까시나무 목재는 단단하고 잘 썩지도 않아 헝가리에서는 고급 건축 자재로 가공해서 서유럽으로 수출하고 있다. 좀처럼 썩지 않으니 비바람에도 잘 견뎌 야외용 목재로 인기가 높다. 무엇보다 내구성이 뛰어나다. 단단해서 목재로 인기가 높은 참나무보다 아까시나무의 내구성이 더 높을 정도다. 무게와 충격에도 잘 견딘다. 게다가 병충해에도 강하고 연 강수량이 700mm 정도로 좀 메마르고 척박한 모래땅에서도 잘 자란다. 아까시나무의 휘는 단점을 보완하려 헝가리는 품종 개량을 핵심 과제로 삼고 있다. 대체 아까시나무가 목재로 가치가 없다는 근거가 뭔가? 휘어서 목재로서 가치가 없다면 그 부분을 개선해야지 벌목이 최우선일까? 벌목해야 하는 근거 가운데 동의하는 부분도 분명 있다. 우리 숲은 대부분이 경사도가 있는 산지이다 보니 40년쯤 된 아까시나무는 태풍이 불거나 하면 잘 쓰러진다. 그렇지만 이미 토양을 풍부하게 만들어놨기 때문에 다른 나무들이 치고 올라오며 숲을 물려받는다. 쓰러진 아까시나무 사이로 어린나무들이 삐죽 올라오는 풍경이 때로 미관상 보기 좋지 않을 때도 있다. 하지만 쓰러진 나무는 숲 바닥을 덮어 쏟아지는 볕으로부터 숲 바닥이 건조해지는 걸 방지하는 역할을 하니 토양엔 좋은 일이다. 길어야 10년이면 숲은 나무들로 다시 울창하게 채워질 텐데 그걸 못 기다리고 멀쩡한 나무까지 포함해서 아까시 학살을 벌이는 걸 어떻게 이해해야 할까?

《선인장 호텔》이라는 그림책이 있다. 뜨겁고 메마른 사막에 키 큰 사구아로 선인장이 자라는데 그 선인장 주위로 많은 동물이 오가며 선인장을 일부 갉아 먹기도 하고 그 그늘에서 쉬기도 한다. 선인장이 50년쯤 자라 꽃을 피우고 열매를 맺자 그걸 먹으려 새와 벌, 박쥐들이 몰려왔다. 어느 날 딱따구리 한 마리가 열매를 먹으러 왔다가 아예 선인장에 둥지를 만들고는 그곳에 눌러산다. 하나, 둘 새들이 둥지를 만들고 살다 떠나면 다른 동물이 또 오면서 선인장은 호텔이 된다. 200년이 지나 늙은 선인장은 거센 바람에 바닥으로 '쿵!' 하고 쓰러졌다. 이야기는 여기서 끝나지 않는다. 호텔에 살던 새들은 떠나지만 지네, 전갈, 개미 등이 쓰러진 호텔의 새 손님으로 찾아온다.

새들의 호텔이 된 아까시나무.

도시 숲에서 아까시나무는 새들의 둥지로도 요긴하다. 까치 둥지의 90% 가까이가 아까시나무에 있다. 나무에 작은 구멍이 많아 박새과 새들의 둥지로도 잘 쓰인다. 솔부엉이, 새호리기, 파랑새 같은 새들이 찾아오던 도시의 작은 숲에서 아까시나무가 벌목된 이후로 이들이 자취를 감췄다. 까치 둥지를 빌려 번식했던 새들이었기 때문이다. 아까시나무는 우리 곁에 있던 선인장 호텔이었다. 도시 숲에서 아까시나무의 역할이 얼마나 중요했는지를 아까시나무가 사라진 다음에 깨닫게 되는 건 너무 안타까운 일이다. 달면 삼키다가도 쓰면 뱉어버려 이제 다디단 꿀을 얻는 게 어려워지니 그야말로 쓴맛을 보게 생겼다. 아니 그 모든 걸 떠나서 인간의 의도대로 숲을 가꾸겠다는 건 얼마나 오만한 일인가.

딱따구리 둥지를 재활용하다

동고비 | 학명 *Sitta europaea*

참새목 동고비과에 속하는 조류. 멸종위기등급 관심대상.

나무줄기를 자유롭게 거니는데 머리를 아래로 한 채 거꾸로 다니기도 한다.

딱따구리가 구멍을 뚫은
은사시나무에
동고비 부부가 둥지를 마련했다.

—

집 근처 숲에는 산책로가 여럿 있는데 나는 그중 가장 가파르게 올라가는 산책로엘 주로 간다. 경사가 급해서 올라갈 때는 숨이 턱턱 차고 힘들지만 그 길을 오르락내리락하면 하루 운동으로 충분하기 때문이다. 길 중간쯤 오른편에는 은사시나무 한 그루가 있는데 우듬지를 보려면 몸을 30도 이상 젖혀야 할 정도로 키가 크다. 새를 찾느라 쌍안경으로 나무를 샅샅이 살피다 이 나무에서 딱따구리 둥지였을 구멍 하나를 발견했던 건 한참 전 일이다. 2021년 3월 9일, 봄이 오는 길목에 이 길을 걷다가 동고비 소리를 들었다. 소리의 진원지를 찾다가 바로 그 구멍을 들락거리고 있는 동고비 두 마리를 발견했다. 나는 너무나 흥분해서 "우와!"를 적어도 다섯 번은 외쳤던 것 같다. 동고비는 딱따구리 둥지를 재활용해서 쓰는 대표적인 새 아닌가. '곧 짝짓기하고 알을 낳고 새끼를 기를 시기이니 저 동고비 부부는 집을 보러 다니는 중이구나.' 이 생각이 순식간에 내 머릿속에 펼쳐졌다. 이제 동고비 부부가 저 구멍에 진흙을 발라 리모델링하는 장면을 생생하게 볼 수 있겠다는 생각이 들자 노다지를 발견한 기분이었다. 동고비를 방해하지 않으려 길가 나무 뒤에 숨어서 조심스레 동고비들을 지켜봤다. 젖힌 목이 아파 더 이상 쳐다볼 수 없을 때까지.

이후 나는 외부 일정이 없는 날이면 날마다 비슷한 시간대에 그 곳에서 은사시나무를 쳐다봤다. 산책하러 나온 이들은 지나가며 나를 흘깃 쳐다보기도 했고 또 누군가는 뭘 보냐 묻기도 했다. 처음 며칠 동안은 동고비가 간간이 눈에 띄더니만 곧 자취를 감췄고 나는 20일 만에 관찰을 포기할 수밖에 없었다. 시간이 흘러 1년을 훌쩍 넘긴 2022년 4월 10일, 바쁜 일상에 하루 쉼표 찍는 날이라 오래도록 못 갔던 숲엘 갔다. 가파른 길이 시작되는 지점에 이르면 내 게으름은 여지없이 티를 낸다. 헉헉거리며 발을 겨우 떼다 말고는 더 올라갈까 말까 마음 안에서 아주 잠깐 갈등이 인다. 그 와중에 동고비 소리가 들렸다. 바로 그 순간 은사시나무 딱따구리 둥지에서 동고비 한 마리가 휙 나오더니 날아가 버렸다. 1년 전 일이 주마등처럼 스쳤다. 얼른 쌍안경을 눈에 대고 나무를 들여다보니 딱따구리 구멍엔 진흙이 잘 발라져 있고 그 가운데 작은 구멍이 보였다. 방금 동고비가 나온 곳이었다. 책에서 보던 동고비 둥지를 아주 가까이에서 보다니, 흥분을 감출 길이 없었다.

1년 전 20일이나 지켜보다 포기했던 바로 그곳에 동고비가 둥지를 틀었다. 가만 지켜보니 한 마리가 근처에서 소리를 낸다. 그리고 한 마리가 둥지 속으로 들어간다. 이미 알을 낳고 포란(새가 알을 품는 것)하는 중인 것 같았다. 쌍안경 너머로 보이는 둥지에 바른 진흙은 보통 솜씨가 아니었다. 근처 계곡에서 콩알만 한 진흙을 부리로 물어다 미장일을 했을 동고비 암컷과 암컷의 경계를 섰을 수컷을 상상해봤다. 그 장면을 놓친 게 못내 아쉽다가도 내가 지켜보지 않아서 동고비들이 안심하고 그곳을 둥지로 사용했겠다 싶은 생각이 들었다. 적당한 장소가 있어 둥지로 쓸까 고민하던 무렵, 한 인간이 저 아래서 자꾸 쳐다보고 있다는 걸 동고비는 눈치채고 남았을 법도 하다. 내 딴에는 몸을 나무 뒤로 숨긴다고 나름 노력했지만 위에서 내려다보는 입장에서는 얼굴만 가린 꿩과 뭐가 그리 달랐을까 싶기도 하고.

진흙을 물어다 바르는 장면을 못 본 게 내겐 아쉬운 일이나 동고비 부부에겐 더없이 다행인 일이었다. 5월 1일에 다시 가보았을 때 부리에 곤충을 잔뜩 문 채 둥지 속으로 들어가는 동고비를 목격했다. 새끼가 몇 마리일까 궁금하기에 앞서 하루에도 수백 번 먹잇감을 물어다 먹이며 육추하느라 바쁘고 고단할 동고비에게 연민의 마음이 일었다. 엄마 마음은 엄마가 아니까. 아무리 본능이라지만 이토록 열심히 기른 새끼들 모두 이소해서도 안전하게 천수 누리길 기원했다. 생각해보면 동고비는 딱따구리에 의지해 살아가는구나 싶다. 그렇다면 나는? 가을날 다람쥐는 말할 것도 없고 동고비며 어치 같은 새들도 겨우내 먹을 도토리를 숲 여기저기에 열심히 숨긴다. 깜빡 잊고 찾아 먹지 않은 도토리에 싹이 나고 그렇게 참나무가 되고 숲이 유지된다. 나무에 딱따구리가 둥지를 만들어 새끼를 기르고, 떠난 그 자리에 동고비가 또 새끼를 길러낸다. 그리고 그 장면을 바라보는 나는 너무나 행복하다. 그러니 내 기쁨 역시 딱따구리와 아주 가깝게 연결돼 있는 거, 맞다.

인류 문명과 기후문제, 그리고 공정 무역 이야기

5월 둘째 주 토요일 세계 공정 무역의 날

세계공정무역기구WFTO가 정한 날.

공정 무역의 핵심은 생산자와 소비자의 얼굴 있는 거래다.

소비자와 노동자가 서로 신뢰를 쌓을 수 있는
설탕을 생산하는 마스코바도.
이윤보다도 공정함을 추구하는 착한 기업이다.

—

국립중앙박물관에서 열린 〈메소포타미아, 저 기록의 땅〉 전시에 다녀왔다. 메소포타미아는 티그리스강과 유프라테스강을 중심으로 인류 최초의 문명이 발흥한 지역이지만 오랜 세월 정치적인 부침이 컸다. 그뿐만 아니라 세계의 화약고인 중동이 가장 먼저 떠오르는 지역이기도 하다. 최근 들어 이 지역에 관심이 생겨 관련 책을 찾아 읽던 중이었는데 전시명에 있는 '기록의 땅'이라는 말이 인상 깊게 다가왔다. 유물과 만나는 경험은 시간을 거슬러 올라가 당시 사람들의 생활사를 엿볼 수 있게 한다. 또 당대 사람들이 어떤 생각과 어떤 가치관으로, 어떤 문화를 향유하고 살았는지 느끼는 기회가 된다. 유물이라는 매개물을 통해 그것을 만들던 당시 사람들과 그들이 일군 문화, 그들이 이룬 성취를 주제로 대화를 나누는 장이 열린다고나 할까. 그런데 이건 어디까지나 남겨진 유산을 통해서다. 어떤 유물이나 기록도 남기지 못한 이들에 대해선 어떤 추론을 해야 할까? 유물을 볼 때마다 이 부분을 늘 견지하며 관람하게 된다. 그래서 유물과 유물 사이의 미싱 링크를 유추해보는 즐거움도 꽤 크다.

메소포타미아인들은 강가의 점토에 갈대를 마치 종이와 펜처럼 이용해서 기록을 남겼다. 점토판과 인장에 기록된 내용은 흥미로웠다. 돈을 빌려주고 입양한 양자에게 유산을 물려줘도 되는지에 관한 기록이나 맥아와 보릿가루를 받았다는 내용, 5단 곱셈표, 질병에 대한 처방전 등이 작은 점토판에 그림과 숫자 기호로 빼곡히 적혀 있었다. 또 촌지를 준 이야기며 축제 때 부르던 노래 가사, 누군가에게 얼마의 돈을 빌리고 갚은 채무변제 증서까지 개개인의 일상이 고스란히 기록돼 있었다. 5천 년 가까운 시간을 건너뛰어도 사람 사는 모습은 크게 다르지 않았다.

메소포타미아의 유물.
기록을 남긴 점토판과 당시 사람들이 사용하던 그릇이다.

문자가 없던 시대에서 문자를 발명하고 기록하는 시대로 넘어간다는 것은 굉장한 혁신이다. 무언가를 기록하려 시도했다는 사실을 태어날 때부터 문자가 있던 우리가 상상하기란 쉽지 않다. 과거 인류는 추상적인 것을 개념화하는 능력을 개발했다. 그림과 숫자 기호 하나하나는 사물을 자세히 관찰해야 창조할 수 있는 것들이다. 과거 인류는 관찰로 끝내지 않고 관찰한 것을 기록으로 남겼다. 물건의 이동을 기록하고 잉여 생산물을 계산하면서 수학뿐만 아니라 문자도 발전했다. 사람과의 관계가 복잡해질수록 기억의 한계를 보완하기 위해 선택한 것이 기록이었을 거다. 기록은 유통이 가능하다. 또 축적되면서 정보로서의 가치가 향상되었고 폭발적인 문명의 진보를 가져왔을 것이다. 함무라비 법전, 60진법이 모두 이 메소포타미아 문명에서 탄생했으며 그들이 정초한 바탕 위에 새로운 문명이 덧대어지며 오늘에 이르고 있다. 메소포타미아인들이 기록을 통해 궁극에 얻고자 했던 건 무엇이었을까? 끊임없이 지식과 질서를 추구하고 이로써 결국 세계를 이해하고자 함은 아니었을까?

세계를 이해하려는 시도는 훨씬 이전부터 있었던 것 같다. 인류 최초 문명으로 알려진 메소포타미아 문명 이전에도 이미 문명이 존재했다. 유프라테스와 티그리스 두 강을 거슬러 올라간 상류 지역의 아나톨리아(지금의 튀르키예 영토에 속하는 반도)에서 일어났던 문명을 인류 최초 문명으로 봐야 한다는 학설이 힘을 얻고 있다. 지구는 기온이 상승하면서 빙하기에서 간빙기로 환경이 바뀌기 시작했는데, 기온 상승은 대략 1만 2천 년 전부터 둔화하기 시작했다. 지구 기후는 이렇게 안정화되면서 홀로세로 진입한다. 이 무렵 아나톨리아 지역에 세워진 걸로 추정되는 괴베클리 테페의 신전 도시가 2014년 8월 발굴되었다. 그동안 세워졌던 인류 문명에 관한 패러다임이 깨지던 순간이라고 고고학자들은 표현했다. 향후 60년 동안 발굴 작업이 진행되어야 전모가 밝혀질 걸로 예상하는데 유네스코는 2018년 이 유적을 세계문화유산에 등재했다. 괴베클리 테페 신전 도시에는 돌기둥만도 200개가 넘게 세워져 있다. 규모로 볼 때 돌을 옮기고 가공하는 데 1천 명 정도의 인력이 투입되었을 걸로 추정한다. 이 시기는 아직 농업 혁명 이전이다. 당시 사람들은 왜 이토록 많은 신전을 지었고 어떤 용도로 쓰였을까? 이 문명은 왜 사라진 걸까?

오늘날 인류 문명이 진일보하면서 안정됐던 기후 시스템이 다시 불안정해지고 있다. 시대를 기록하는 빙하가 빠르게 녹으면서 해수면이 상승하고 남태평양 섬나라들이 물속으로 잠기는 중이다. 이 문제를 해결할 방법 중 하나로 화석연료를 줄이자며 내연기관 자동차 생산을 중단하고 전기자동차로 전환하기로 했다. 그런데 여기에는 불편한 진실이 숨어 있다. 전기자동차의 핵심 부품 가운데 하나인 배터리 재료로 코발트를 채굴하느라 아직 앳된 얼굴의 아이들이 강제 노동에 내몰리고 있다. 글로벌 초콜릿 기업들은 불법으로 이뤄지는 코코넛 농장의 아동 노동에 눈감고 있다. 작업에 필요한 보호 장비를 갖춘 성인 노동자를 고용하는 것보다 아동을 고용했을 때 초콜릿 기업들과의 계약 경쟁에서 더 낮은 가격을 제시할 수 있기 때문이다. 축적된 지식과 질서를 바탕으로 일궈온 문명의 방향이 누군가를 착취하고 불평등을 심화하는 구조를 지향한다면 인류 문명은 지속 가능할까?

수많은 문명이 명멸했고 우리는 오래전 문명을 더듬으며 그 안에서 우리의 미래를 발굴하려는 건지도 모를 일이다. 그런 점에서 마스코바도는 하나의 희망일 수 있다. 사탕수수 농장에서 땅도 노동자의 몸도 망가지지 않는 생태적인 농사를 마음 놓고 지을 수 있고 그 노동의 가치를 알아주는 소비자가 세계 어딘가에 있다면, 그래서 소비자와 노동자가 서로 신뢰를 쌓을 수 있는 설탕을 생산한다면 그건 공정하다. 더 많은 이윤 추구가 아니라 함께 사는 길을 모색할 수 있다면 우리는 우리를 둘러싸고 있는 이 세계를 더 이해할 수 있을 것이다. 5월 둘째 주 토요일은 세계 공정 무역의 날이다.

1만 2천 km를 논스톱으로 나는 대륙의 여행자

큰뒷부리도요 | 학명 *Limosa lapponica*

1년에 이동 거리가 대략 3만 km로 지금까지 연구된 조류 가운데
최장 거리를 가장 오랜 시간 비행한 기록을 갖고 있다.

2011년 5월 낙동강을 떠난 이후
큰뒷부리도요 얄비는
어디로 갔을까?

—

'4YRBY.' 숫자와 알파벳의 조합은 아무런 감흥이 없지만 세상 이치가 다 그렇듯이 의미를 알고 나면 느낌은 완전히 달라진다. 이 조합이 의미하는 걸 알고 있는 누군가는 보기만 해도 먹먹해질 것이다. 새를 보는 사람들 사이에서 얄비라 불리던 새가 있었다. 다리가 길고 몸길이는 40cm쯤 되며 부리가 위로 살짝 휜 큰뒷부리도요. 낙동강 하류에서 새를 꾸준히 관찰해오고 있는 '습지와 새들의 친구' 운영위원장인 박중록 교사는 2008년 4월 어느 날 한 번도 본 적이 없는 새를 발견했다. 100마리가 넘는 큰뒷부리도요 가운데 다리에 흰색 플래그와 알록달록한 가락지를 잔뜩 부착하고 있는 새였다. 가락지와 플래그를 새의 다리에 부착하는 이유는 이동 경로를 비롯해 새에 관한 여러 정보를 알기 위함이다. 흰색 플래그는 뉴질랜드에서 새의 이동을 연구하기 위해 사용하는 색이다. 물새를 연구하는 해외네트워크에 문의한 결과 뉴질랜드에서 이동한 새라는 게 확인되었다. 알록달록한 가락지 색깔은 노랑, 빨강, 파랑 그리고 노랑이었고(이 색깔을 두 가지로 조합해서 각 나라를 의미한다) 그 첫 글자들이 YRBY였다. 이렇게 해서 이 새의 이름은 얄비가 되었다.

2008년에 처음 발견된 얄비는 이후로도 해마다 4월 비슷한 시기에 낙동강 하구를 찾아왔다. 2011년까지 햇수로 4년 동안. 큰뒷부리도요는 호주나 뉴질랜드에서 3월 어느 날 출발해 1만 km쯤 되는 거리를 일주일 동안 날아서 우리나라에 도착한다. 낙동강이나 금강 등에서 한 달가량 휴식을 취하고 에너지를 보충하고 나면 5월에 알래스카로 이동하고, 알래스카의 짧은 여름 동안 새끼를 친 뒤 9월쯤에 다시 뉴질랜드로 돌아간다. 이때는 1만 2천 km 가까이 되는 거리를 대략 9일에 걸쳐 논스톱으로 간다. 왜 이 긴 시간을 논스톱으로 이동할까? 큰뒷부리도요는 망망대해 위를 날 수는 있어도 수영을 할 수가 없다. 물가에 사는 물새지만 발가락에 지느러미가 없기 때문이다. 참고로 이동 경로는 새들의 몸에 인공위성 추적 장치를 부착해서 얻은 결과다. 큰뒷부리도요는 1년의 절반을 남반구 오세아니아 대륙에서 아시아 대륙을 거쳐 북극권까지 오가며 살아간다. 큰뒷부리도요는 1년에 이동 거리가 대략 3만 km로 지금까지 연구된 조류 가운데 최장 거리를 가장 오랜 시간 비행한 기록을 갖고 있으며 상공 2천 m에서 비행하는 가장 높이 나는 새이기도 하다.

4년 동안 얄비가 해마다 낙동강 하구에 들르니 이곳에서 새를 관찰하는 이들은 얄비의 다섯 번째 도래를 축하하는 잔치를 열기로 했다. 이 소식을 전하려 뉴질랜드에서 얄비를 관찰하는 이에게 연락했다가 얄비가 2011년 9월에 뉴질랜드로 돌아오지 못했다는 안타까운 소식을 듣게 된다. 2011년 5월 낙동강을 떠난 이후 얄비의 행방은 어떻게 된 것일까? 대체 어디서 어떤 연유로 사라진 건지 얄비는 그를 그리워하는 이들 마음속에 한 조각 아쉬움으로 남게 되었다.

일주일 혹은 그 이상을 쉬지도 않고 먼 거리를 계속 날아가는 동안 새들이 소비하는 에너지는 어느 정도일까? 뉴질랜드를 떠나 우리나라에 도착한 새들은 거의 뼈와 가죽만 남은 모습으로 변한다고 한다. 그러니 도착하자마자 기진한 새들은 미친 듯이 먹이를 찾아 먹을 수밖에. 전 세계 철새 이동 경로 아홉 개 가운데 큰뒷부리도요가 이동하는 루트는 동아시아-대양주 철새 이동 경로EAAF다. 이동 경로가 정해져 있는 까닭은 비행기가 항로를 따라 날고 우리가 고속도로에서 운전을 하듯 정해진 경로가 있어야만 안전하기 때문이다. 안전하다는 것은 쉬고 먹을 장소가 확보되어 있다는 의미이기도 하다. 오세아니아 대륙과 북극권을 오가는 새들의 중간 기착지로 한반도가 선택된 건 충남 서천갯벌, 전북 고창갯벌, 전남 신안갯벌 그리고 보성에서 순천으로 이어진 갯벌 벨트가 유네스코 세계자연유산에 등재될 정도로 생물다양성이 풍부한 곳이기 때문이다. 유네스코가 평가하기 이전에 이미 새들이 안전한 곳으로 낙점한 곳이 바로 한반도 갯벌이다. 이것만으로도 갯벌을 보전해야 할 가치는 이미 충분하다.

찰스 다윈은 갈라파고스제도에서 200만 년 전부터 살아온 되새의 부리가 다양한 것을 관찰하면서 진화론의 영감을 얻어 자연선택의 가설을 세웠다. 이후 유전자 연구가 발전하면서 유전자 하나(ALX1)에서 나타난 작은 변이들이 부리 모양에 다양한 변화를 일으킨 것으로 밝혀졌다. 새가 어떤 먹이를 먹느냐에 따라 그에 적합한 부리를 갖게 된다는 것이 과학적으로 입증된 셈이다. 오리처럼 뭉툭한 모양의 부리도 있고 저어새처럼 주걱 모양의 부리도 있다. 숟가락 모양의 부리를 가진 새도 있는데 바로 넓적부리도요의 부리가 그렇다. 새를 보는 사람들은 거의 예외 없이 이 새를 보고 싶어 한다. 부리도 독특한 데다 몸길이가 14cm 정도로 작은 넓적부리도요. 수많은 도요물떼새 사이에서 이 새를 찾기란 난이도가 상당하다. 게다가 이 새는 전 세계에 700여 마리 남은 것으로 파악되고 있어 아주 심각한 멸종위기종이기 때문에 알현하는 그 자체가 행운일 수밖에 없다.

넓적부리도요는 러시아 캄차카반도와 추코츠크반도 연안에서 6~7월에 번식하고 9월쯤 태평양 연안을 따라 남쪽으로 8천 km를 이동한 뒤 동남아시아와 서남아시아에서 월동한다. 이동 중 우리나라 갯벌은 중간 기착지로서 휴식과 에너지 보충을 위한 요충지다. 넓적부리도요의 생존에 가장 큰 위협이 되는 것은 번식지와 중간 기착지 그리고 월동지의 환경 변화다. 중간 기착지 가운데 생물다양성의 최대 보고였던 서해안 지역의 갯벌이 새만금 간척 사업으로 파괴되었으니 우리는 얼마나 많은 새의 밥상을 걷어차 버린 걸까? 북태평양 연안에 있는 캄차카반도는 기후변화로 해수면이 상승하면서 해안침식의 피해가 심각한 지역이다. 베링해 인근은 해수 온도 상승으로 해양생

독특한 부리에 크기도 작은 넓적부리도요.
전 세계에 700여 마리뿐이라니!

물들의 먹이가 사라지면서 수백 마리 댕기바다오리tufted puffin가 아사 상태로 해안가에 떠밀려 오는 일도 벌어지고 있다. 이런 지역들과 넓적부리도요의 서식지가 엇비슷하게 겹치는 것 같아 더 두렵다. 대륙을 오가는 여행자들을 다음 세대도 볼 수 있으려면 우리는 무엇을 해야 할까?

상큼한 여름 열매들.

능소화가 핀 여름

봄꽃이 지고 녹음이 우거지는 여름.
염천을 이고 주홍빛 능소화가 늘어지는 여름.
둥지를 벗어나 세상 속으로 날아가는
새들의 안위가 간절해지는 여름.
매미 소리 드높은데 서늘한 가을이 그리워지는 여름이다.

새가 둥지를 떠나 독립하는 이소 시즌

참새 | 학명 ***Passer montanus***

참새목 참새과 조류. 10~15cm의 작은 크기로 수명은 약 5~6년이다.

잡식성으로 부리가 짧고 단단해 곡식을 쪼아 먹기에 알맞다.

어미 참새가
새끼 참새를 모이대로 데려와
먹이를 물어다
입에 넣어주고 있었다.

—

초행길이라 마음마저 바쁜 아침 시간이었다. 6월 초부터 시작된 장마는 한 달 가까이 계속되었다. 쏟아지는 폭우는 우산을 무용지물로 만들어버려 무릎까지 젖은 바지가 걸음을 옮길 때마다 다리에 척척 감겼다. 목적지인 학교 담벼락이 보일 즈음 빗소리 사이로 가늘게 새소리가 들렸다. 두리번거리다 바닥에서 참새 한 마리를 발견했다. 부리 주위가 아직 샛노란 데다 날개가 충분히 자라지 않은 유조였다. 비에 쫄딱 젖어 어찌할 바를 모르며 어미를 찾는 듯 짹짹거리고 있었다. 어쩌다 저 어린 새는 바닥으로 떨어진 걸까 하는 생각과 이미 체온이 떨어졌을지도 모른다는 생각, 내버려두면 길고양이한테 당할지도 모른다는 생각이 순식간에 내 머릿속을 채웠다. 털 있는 동물을 만지지 못하는 나는 아주 잠깐 망설이다 우산으로 새를 담으려고 시도했다.

비를 맞든 말든 곧 강의를 해야 하는 상황이든 말든 바로 그 순간 중요한 건 비를 피해 조금은 더 안전한 곳으로 이 새를 이동시켜야 한다는 생각뿐이었다. 우산을 가까이 가져가려 하면 새는 기운 없는 와중에도 반대편으로 피했다. 반대쪽으로 우산이 가면 또 다시 반대쪽으로 피하기를 몇 번. 계속 그러고 있을 수는 없어 나는 눈을 질끈 감고 새끼 새를 두 손으로 안았다. 얼마만큼 가벼운지 느낄 겨를조차 없었다. 너무 놀라서 가슴이 마구 두방망이질 치고 있었으니까. 학교 담벼락을 따라 후문이 보였다. 그리로 들어가 비가 들이치지 않는 곳에 새를 놓아줬다. 새를 들고 가는데 빗물인지 눈물인지 얼굴은 온통 물 범벅인 채였다. 그 와중에도 살겠다고 이리저리 피하는 새를 보면서 모든 생명은 본능적으로 죽음을 두려워한다는 걸 확인했다. 너무나 애처롭고 안타깝지만 내가 새에게 해줄 수 있는 게 없어 마음이 좋지 않았다. 새를 높은 곳으로 올려놓고 뒷수습을 하는 동안 전화는 계속 울렸다. 강의할 학교 담당 교사에게서 걸려온 전화였다. 이미 강의가 시작될 시간이었다. 교사는 내게 어디냐고 물었다. "여기 새끼 참새가 비를 쫄딱 맞고 있어요." 대뜸 내 입에서 이 말이 튀어나왔다.

비에 흠뻑 젖은 아기 새.
눈을 질끈 감고 두 손으로 안아 올렸다.

강의하기 전에 손을 씻으러 들어간 화장실에서 마주한 거울 속 내 몰골은 수습할 수 없을 만큼 엉망이었다. 학생들에게 강의에 늦게 된 사연을 짧게 얘기하고 양해를 구했다. 새끼 참새를 걱정하는 아이들 눈빛이 고마웠다. 강의를 마치고 나니 날씨가 활짝 갰다. 다시 후문으로 나서던 나는 두 다리를 하늘로 뻗은 채 인도 위에서 죽어 있는 새끼 참새 한 마리를 발견했다. 내 뒤로 학생들 몇몇이 따라 나오다 함께 그 광경을 목격했다. 내가 잠시 두 손으로 안아줬던 그 새인지 둥지에서 떨어진 또 다른 새인지 알 길이 없다. 쏟아지는 눈물을 닦으며 아이들이랑 가로수 아래 묻어주고 왔다.

집으로 돌아오는 길에 조류전문가와 통화를 했다. 장마 기간에 둥지를 떠나는 새들이 그렇게 죽는 경우가 많다고 했다. 특히 요즘처럼 장마가 길어지는 경우는 태어난 새의 90%가량이 어른 새로 자라지 못한다고 한다. 54일이라는 가장 긴 장마가 찾아왔던 2020년 여름이 떠올랐다. 장마 기간이어도 며칠 비가 내리다 그치기를 반복하지만 그땐 54일간 쉼 없이 비가 내렸다. 아직 비행이 서툰 새끼들이 둥지를 떠나는 데 비는 큰 장애물이다. 먹이를 구해야 하는 어미 새에게도 연일 쏟아지는 비는 재앙과도 같다. 2022년 여름 유럽은 폭염과 가뭄으로 큰 피해를 입었다. 스페인에서는 칼새가 바닥으로 떨어져 죽는 광경이 더러 목격됐다. 칼새는 절벽이나 건물의 틈바구니에 둥지를 틀고 새끼를 기르는데 폭염으로 건물이 달궈지면서 그 안에 있던 둥지가 오븐으로 변해버렸다. 깃이 돋지도 않은 유조들은 뜨거운 둥지를 탈출하려다 바닥으로 떨어져 목숨을 잃었다.

참새는 둥지를 지을 때면 이따금 마른 풀을 물고 우리 집 모이대에 들르곤 한다. 마치 지금 둥지를 만들고 있다는 걸 귀띔이라도 하듯이. 얼마쯤 지나면 애벌레를 물고 나타나기도 한다. 한번은 배추흰나비 애벌레로 보이는 초록색 벌레를 물고서 모이대로 왔다. "선물이야?" 하고 장난을 치는데 휙 날아가 버렸다. 모이대는 잠시 머물다 가는 정거장인가? 이렇게 띄엄띄엄 참새의 일정을 알아갈 무렵 하루는 모이대가 무척 요란스러웠다. 뭔 일인가 내다보니 어미 참새가 새끼 참새를 모이대로 데려와 먹이를 물어다 입에 넣어주고 있었다. 막 날기 시작한 참새일 거다. '여기 오면 이렇게 먹이가 있고 이런 건 이렇게 먹으면 되는 거야' 하고 알려주려 모이대에 데리고 온 것 같았다. 처음 모이대를 놓고 나서 이 장면을 봤을 땐 어미와 새끼 사이인지도 모르고 그저 흥분했었다. 더구나 새끼 참새는 어미에게 모이를 달라며 조르느라 몸을 부풀려 크기가 어미보다 커 보인다. '왜 모이대까지 와서 누군 입만 벌리고 있고 누군 먹여주는 거냐'며, '새들 세계에도 권력 서열이 있나 봐' 이러면서. 모를 땐 판단을 유보한 채 관찰하고 찾아보면서 진실에 접근하려 노력해야지 흥분은 금물이다. 참새뿐만이 아니다. 새들이 새끼를 기르는 과정은 눈물겹다. 알을 품느라 좁은 둥지에서 지내던 딱새는 꽁지깃이 구깃구깃해진다. 물떼새류는 천적이 나타나면 새끼들을 보호하려고 다리를 절며 다친 척한다. 천적의 시선을 자신에게 돌려 새끼를 보호하려는 의상 행동이다.

길에서 어딘가 어설픈 새들이 보이기 시작하면 새끼 새가 둥지를 떠나 독립하는 이소 시즌이다. 이때 가장 바빠지는 곳은 야생동물 구조센터다. 가지가지 사연으로 구조되어 온 새들로 구조센터는 북적인다. 그만큼 둥지를 벗어나는 일은 생각보다 험난하다는 의미일 것이다. 둥지 밖의 세상은 실전이니까. 아직 나는 것도 서툴고 먹이를 구하는 일도 서투니 이때가 어른 새가 되는 큰 관문이다. 많은 어린 새가 이 시기를 못 넘기고 먹잇감이 되거나 자연 도태된다. 충남 야생동물 구조센터에서 구조한 새 사진을 봤다. 파랑새 새끼 여섯 마리가 홰에

야생동물 구조센터에 있는 파랑새 유조들.

나란히 앉아 있는 장면을 보니 얼마나 시끄러울까 싶어 웃음이 났다. 파랑새는 우리나라에 와서 번식하는 여름 철새로 날개 양쪽에 푸른색(날 때는 흰색으로 보인다) 동그라미가 하나씩 있다. 동전 모양을 닮았다고 해서 영어 이름이 dollar bird다. 부리와 다리가 붉은색이고 에메랄드빛이 살짝 비치는 깃이 멋지다. 우리 집 앞에 있는 숲에도 여름이면 파랑새가 온다. 파랑새 특유의 소리가 들리면 정말 여름이구나, 한다. 몸무게를 재려고 통에 담았다는데 뚜껑이 살짝 열린 틈으로 내다보는 소쩍새 새끼는 맹금의 풍모보다는 귀여움이 넘친다. 그림을 그리는 동안 모두 건강하게 야생으로 잘 날아가길 기원했다. 도움의 손길이 필요한 동물을 지나치지 않고 구조센터에 전화를 걸어주는 마음은 얼마나 귀한지. 그런 동물들을 진심으로 보살피고 치료하는 이들의 마음은 또 얼마나 고마운지 떠올리면서.

통 뚜껑이 살짝 열린 틈으로 밖을 바라보는 귀여운 소쩍새.

폭염에 달궈진 도시를 식히는 고마운 식물

담쟁이덩굴 | 학명 ***Parthenocissus tricuspidata***

포도과 식물. 덩굴성 목본으로 덩굴손은 잎과 마주난다.

6~7월에 황녹색 꽃이 핀다.

내가 다닌 대학교에는 이렇게 담쟁이덩굴로 덮인 건물이 있다.

—

내 모교에는 20세기 초에 지은 고풍스러운 건물이 몇 있다. 그 가운데 가장 오래된 건물이 스팀슨관인데 100년이 넘은 근대식 건물로 고딕 양식으로 지어졌다. 근대식 건물이 그것 말고도 두 개가 더 있는데 모두 가까이 모여 있다. 그리고 세 건물 모두 담쟁이덩굴이 건물 외벽을 덮고 있다. 캠퍼스에서 가장 아름다운 공간이지만 내가 다니던 공과대학은 이 멋진 건물들과는 가장 먼 교문 근처에 있다. 그러다 보니 4년 동안 그곳에 갔던 게 손에 꼽을 정도다. 오히려 졸업하고 이따금 그곳이 생각나 더 찾는 것 같다. 오래된 경관이 향수를 자아내기 때문일까? 인공물에 자연이 스며들어 빚어낸 작품이 마음을 편안하게 만든다.

담쟁이덩굴은 계절마다 다른 모습으로 변화를 주기에 더 매력적이다. 초록 잎도 싱그럽지만 가을에 알록달록 단풍이 들 때는 더 환상적이다. 한때 담쟁이덩굴 뿌리가 건물을 부식시켜 수명을 줄인다는 주장이 힘을 얻은 적이 있다. 해서 학교 건물의 담쟁이덩굴을 없애느냐 마느냐가 논란이 된 적이 있었는데 일제강점기에 학교를 다녔던 독립운동가들과 당시 담쟁이덩굴을 심었던 선배들의 뜻을 기리기 위해 그대로 남겨두기로 했다. 천만다행인 일이다.

담쟁이덩굴은 여러 은유적 표현으로 쓰인다. 스포츠 리그로 시작했지만 이제는 미국의 사립 명문대학을 의미하는 아이비리그Ivy League도 '담쟁이덩굴이 우거진 오래된 대학들'이라는 데서 유래했다. 담쟁이덩굴 영문이 Boston ivy이기 때문이다. 또 오 헨리의 단편소설 〈마지막 잎새〉에서 투병 중인 화가 존시에게 삶의 희망을 찾게 해준 마지막 잎새 역시 담쟁이덩굴 잎이다. 사실은 벽에 그린 그림이었지만.

도시에서 담쟁이덩굴은 기후위기 시대에 희망일 수 있다. 콘크리트 건물 벽면과 담장 그리고 방음벽 등 도시를 덮어주는 담쟁이덩굴은 시각적인 아름다움뿐만 아니라 폭염에 달궈진 도시를 식혀주는 효과가 있다. 낮 동안 달궈진 콘크리트 건물은 밤이 되어도 식지 않아 도시 열섬현상이 생기고 열대야로 사람들은 잠을 이루지 못한다. 그렇지만 담쟁이덩굴이 사는 벽은 볕을 막아줘 높은 열을 차단한다. 대부분 식물이 그렇듯 담쟁이덩굴도 수분을 공기 중으로 발산하는 증산 작용을 한다. 덕분에 건물 주변 온도가 2~3도 정도 낮아진다. 광합성을 하니 이산화탄소를 포집할 뿐만 아니라 공기를 정화하는 역할까지 한다. 담쟁이덩굴은 건물을 부식시키지도 않는다. 오히려 담쟁이덩굴이 자외선 등으로부터 건물을 보호하고 비에 의한 침식 등으로부터 벽을 보호하는 걸로 확인됐다. 건물을 부식시키는 것이 아니라 오히려 내구성을 향상시키는 셈이다. 기후위기 시대에 해법으로도 손색이 없는 담쟁이덩굴을 괜한 오해로 없애버렸다면 지금 내 모교는 어떤 모습이 되었을까?

최근 건물 온도를 식히는 방법 중 하나로 그린 커튼이라는 것도 있다. 담쟁이덩굴처럼 건물 외벽에 아예 접착해서 식물이 자라는 게 아니라 건물 바깥에 늘어뜨린 줄을 타고 덩굴식물이 자라면서 커튼을 쳐놓은 듯 햇볕을 차단하는 방식이다. 여름에 뜨거운 햇볕이 비치는 창에 커튼만 쳐도 온도를 1~2도는 낮출 수 있다. 그래서 나는 집에 있을 때 오전과 오후 볕이 드는 방향의 창에 블라인드를 내려서 햇볕을 차단한다. 확실히 시원하다. 그린 커튼도 비슷한 원리다. 봄에 덩굴식물을 심으면 뜨거운 여름에는 창을 충분히 가릴 수 있을 만큼 자란다. 초록으로 단장한 그린 커튼 건물은 그 자체로도 멋지다. 담쟁이덩굴이 그랬듯이 증산 작용도 하고 탄소도 흡수한다. 기후위기 시대에 일석삼조 이상의 효과를 가져다준다. 담쟁이덩굴을 지금地錦이라 불렀다는데 이는 땅을 덮는 비단이라는 뜻이다. 땅이 아닌 벽을 덮는 담쟁

누가 이 아름다운 능소화 줄기를 잘라버린 걸까?

이덩굴은 비단만큼 가치가 있다.

담쟁이덩굴처럼 벽을 타고 오르는 나무가 또 있다. 여름이면 주홍빛 꽃송이가 주렁주렁 열리듯 피는 능소화다. 능소화는 덩굴성 목본으로 벽에다 지네 다리처럼 생긴 흡착 뿌리를 단단히 박으며 자란다. 경북 경산시 자인면에는 능소화가 피는 예쁜 집이 있'었'다. 능소화 나이는 50년이고 능소화가 기대고 있는 적산가옥의 나이는 60년이 넘었다. 능소화만으로도 화려하고 아름다운데 그 배경이 적산가옥이라니. 이 능소화는 어느 해 집 앞으로 도로가 생기자 집을 가리려고 집주인이 심은 것이었다. 나무는 담을 타고 얼마나 운치 있게 자랐는지

적산가옥과 잘 어울리며 아름다운 풍경화가 되었다. 능소화 피는 여름이면 많은 이들이 그곳에 찾아와 사진을 찍으며 즐거워했다. 능소화는 질 때 꽃이 통째로 툭 떨어지는데 꽃이 떨어진 길 또한 아름다웠다. 문제는 많은 사람이 몰려들며 그 일대가 혼잡해지고 불법 주정차 등의 문제가 생기면서 지역 주민들이 불편할 만한 일들이 벌어졌다는 것이다. 그러다 어느 날, 집주인이 집을 오래 비운 사이에 누군가가 능소화 줄기를 잘라버리는 사건이 발생했다. 이제 봄이 되고 여름이 돌아와도 말라버린 가지만 앙상할 뿐이다. 나무를 자른 사람이 누군지 찾지 못한 채 이 사건은 미제로 남았다. 만약 나무를 자른 범인을 찾는대도 나무가 되살아나진 못한다. 경산시는 아름다운 풍경을 되살리려 비슷한 능소화를 찾아 다시 심을 예정이라 한다.

규모가 크든 작든 한 지역에서 랜드마크가 된다는 것은 감수할 일이 많이 생긴다는 뜻이다. 그러니 그곳이 오래도록 유지되기 위해서는 풍경을 구성하고 있는 개개의 역사성도 고려해야 하고 공동체 구성원들 사이에서 마음을 조율할 필요도 있어 보인다. 누군가에게 좋은 일이 누군가에게 피해가 된다면 그 일은 정말 좋은 일일까? 모두가 좋을 수 있는 적절한 지점을 찾으려 노력했더라면 능소화는 올해도 수많은 주홍빛 등을 밝힐 수 있었을 텐데.

나라 잃은 설움이 담긴 망국초

개망초 | 학명 ***Erigeron annuus***

국화과 식물. 원산지는 북아메리카.

바로 서서 자라며, 로제트로 겨울을 난다. 6~8월에 개화한다.

개망초와
개망초 위에
앉을 수 있을 정도로 작은 풀매미.

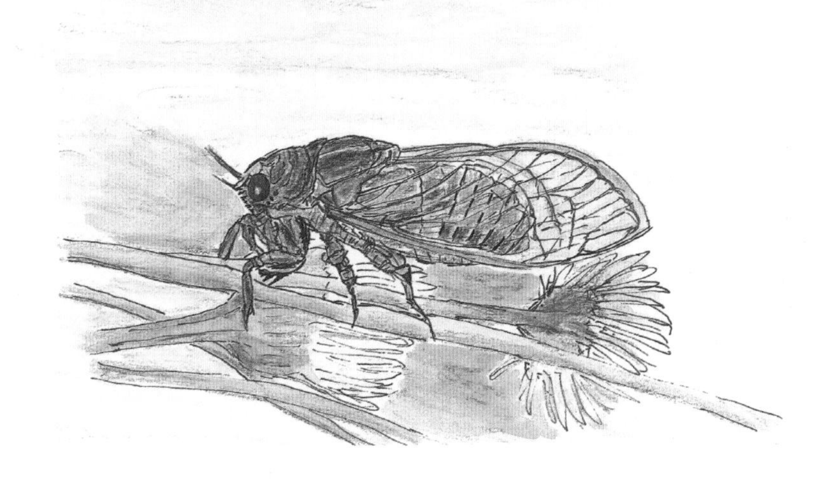

—

어릴 적 소꿉놀이할 때 단골 소품으로 쓰던 계란꽃의 본명은 개망초다. 우리나라 어딜 가든 흔한 풀로 여름 내내 꽃을 볼 수 있는데 꽃 이름이 참 얄궂다. 개망초는 북아메리카가 원산지인 귀화식물이다. 태평양 건너 멀고 먼 한반도까지 오게 된 경위를 알기 위해서는 철도에 깔 침목용 목재를 미국에서 수입하던 때로 거슬러 올라가야 한다. 일제강점기에 일본은 조선 땅에서 나는 여러 자원을 수탈해 가려고 철도를 놓았는데 미국에서 수입한 침목에 묻어 온 개망초 씨앗이 철길을 따라 퍼져나갔다 한다. 못 보던 하얀 꽃이 여름이면 철길을 따라 피는 걸 보고 조선 사람들은 일본이 조선을 망하게 하려고 씨를 뿌렸다고 여겼다. 나라 잃은 설움이 섞인 작명이 망국초였다가 나중에 개망초로 바뀌었다. 개살구 개복숭아 하듯이 식물 이름 앞에 '개'가 붙는 건 멸칭이다. 조선보다 먼저 철도 개발을 한 일본도 미국에서 들여온 침목을 깔았고 역시 철길을 따라 개망초가 흐드러져 이를 철도초라 부르기도 했다. 개망초는 일제강점기에 들어왔으니 우리 땅에 살게 된 지 100년이 넘었다. 길가, 빈터, 시골의 밭둑 등 뿌리를 내릴 수만 있다면 어떤 땅이든 가리지 않고 자란다. 그런 생존력이니 태평양을 건너왔겠지만.

개망초는 해넘이 한해살이풀로 로제트 상태로 겨울을 나고 다음 해 여름에 꽃을 피운다. 로제트로 겨울을 견디는 식물에겐 어떤 이점이 있을까? 봄이 올 때를 생각해보자. 겨우내 잎을 다 떨군 나무는 겨울눈에서 잎이며 꽃이 나와 무성해질 때까지 시간이 걸린다. 반면 그사이 바닥에 있던 풀들은 햇빛을 충분히 받으며 쑥쑥 자라 남들보다 먼저 꽃을 피울 수 있다. 달맞이, 냉이 등 이른 봄에 꽃을 피우는 풀들이 로제트인 이유가 여기에 있다. 개망초는 키가 1m쯤으로 꽤 자라기 때문에 출발을 빨리하고 싶은 건지도 모르겠다. 흔히 꽃에만 눈길이 가는데 줄기를 관찰하는 재미도 크다. 나무도 그렇지만 들풀의 줄기도 종류마다 개성이 강하다. 줄기를 잘라 단면을 보면 동그랗거나 세모, 네모, 오각형, 마름모로 다양하다. 흔한 풀 방동사니는 줄기 단면이 삼각형이고 개망초는 동그랗다. 줄기 속이 채워진 식물도 있고 비어 있는 식물도 있는데 개망초는 줄기 속이 꽉 차 있고 털이 나 있다. 엉겅퀴 종류는 대개 속이 비어 있다. 꽃 무게를 떠받치고 있으면서도 바람에 흔들리되 꺾이지 않으려면 줄기에는 나름 공학적인 설계가 필요할 것 같다.

꽃이 줄기에 아무렇게나 달리는 것 같지만 여기에도 나름의 질서가 있는데 이를 꽃차례라 한다. 꽃차례는 그 모양에 따라 여러 가지로 나뉘는데 몇 가지만 알아도 자연에서 규칙을 찾는 재미가 쏠쏠하다. 길게 자란 꽃대 양옆으로 작은 꽃자루가 계속 나는 총상꽃차례, 꽃턱 안에 암꽃과 수꽃이 함께 피는 배상꽃차례, 꽃대 끝에 달려서 꽃들이 이삭처럼 피는 이삭꽃차례 등 종류가 다양하다. 개망초는 긴 꽃대에 어긋나게 꽃자루가 여러 개 붙는데 꽃들의 높이를 맞추려 개별 꽃자루 길이가 다 다르다. 즉 아래쪽에서 나는 꽃자루는 더 길고 위쪽에 붙은 꽃자루는 상대적으로 짧은데, 꽃이 고만고만하게 모여 피어 있어 소담스럽다. 이 모습이 마치 우산살처럼 생겼다고 해서 산방꽃차례라 한다. 이렇게 꽃들이 모여 피는 데다 모두 하늘을 보고 피니 개망초는 한 줄기만 꺾어도 소박한 한 다발이 된다. 한여름 집 근처에서 개망초를 발견하고는 한 줄기를 꺾어 와 작은 화병에 꽂아두었는데 다음 날 꽃병 아래로 꽃잎이 한가득 흩어져 있었다. 근처에 작은 장식품까지 있어서 그걸 치우느라 꽤 번거로웠다. 개망초꽃은 가장자리에 암술만 가진 흰색과 암술과 수술을 모두 지닌 노란색 갖춘꽃이 모여 꽃을 이룬다. 이 꽃 하나하나가 제각각 떨어지니 작아도 숫자에 항복할 수밖에.

개망초가 있어야 할 곳은 꽃병이 아니라 들판이라는 걸 아주 크게 깨달았다. 개망초꽃이 들판에 가득 피기 시작하면 나비며 무당벌레 그리고 매미도 찾아온다. 개망초꽃에 앉을 수 있을 정도로 작은 매미도 있는데 이름도 생소한 풀매미다. 우리나라에는 매미가 대략 12종 사는데 그 가운데 가장 작은 매미가 풀매미다. 몸길이가 어른 엄지손톱만 한 데다 울음소리도 매미라기보다는 풀벌레 소리에 가깝다. 그렇지만 풀매미도 여느 매미처럼 굼벵이로 땅속에서 지내다 초여름 저녁 소나무나 참나무 같은 나무 밑둥치 가까이에서 허물을 벗고 탈바꿈하는 어엿한 매미다. 몸 전체는 검고 날개에 노랑 또는 연둣빛이 선명하다. 녹색매미 또는 풀짓지매미로 불린다.

매미는 번데기 단계를 건너뛰고 알, 애벌레를 거쳐 성충이 된다. 암컷이 나무껍질에 낳은 알에서 부화한 애벌레는 나무 아래로 떨어져 땅속으로 파고 들어간다. 이게 우리가 알고 있는 굼벵이다. 굼벵이는 땅속에서 짧게는 3년에서 길게는 17년 정도 산다. 매미가 몇 주밖에 살지 못한다고는 하지만 굼벵이로 사는 시간도 다 매미 수명으로 봐야 하지 않을까? 굼벵이는 활엽수 뿌리에 흠집을 내 수액을 먹고 사는데 매미가 되어도 나무의 수액을 빨대처럼 생긴 입으로 빨아 먹고 산다.

매미 소리 없는 여름을 상상할 수 없지만 매미 소리로 여름이 두렵기도 하다. 최근 들어 여름이면 매미들의 떼창으로 밤잠을 설치며 괴로워하는 사람들을 종종 본다. 특히 시끄러운 말매미는 대형트럭(85dB)이나 열차(95dB) 소음보다 더 시끄럽다. 기온이 27도 이상 고온일수록 떼창을 할 확률이 높다는데 폭염으로 도시는 열섬이 되어 새벽까지 27도 아래로 기온이 떨어지질 않으니 말매미도 밤새 울어댈 수밖에 없다. 그런데도 우리는 말매미에다 시끄러운 소음원이라고 딱지를 붙인다. 적반하장이란 말은 이럴 때 쓰는 게 아닐지?

기후위기는 매미들마저 힘들게 한다. 매미 소리가 시끄럽게 느껴진다면 도시의 온도를 낮출 방법을 찾으라는 매미의 하소연으로 들어야 할 것 같다.

바깥세상과 소통하는 요긴한 창구

간이역

함께 알아두면 좋은 날 : 6월 28일 철도의 날.

기후위기 시대 탄소중립의 대안으로 가장 각광받는 교통수단이 기차다.
대형 물류 수단이면서 에너지 효율도 높다.

—

뜻하지 않은 발견이어서 더 반가운 게 있다. 양평의 한 고등학교에 강의가 있어 갔다가 양평에 사는 선배를 만났다. 선배는 모처럼 양평에 왔으니 구경을 시켜주겠다며 내게 어디를 가고 싶으냐 물었다. 양평에 왔는데 은행나무 할머니를 뵙고 가야겠다고 해서 용문사로 갔다. 한참 만에 알현하는 은행나무 할머니는 워낙에 웅장해서 쳐다보는 일도 쉽지 않았다. 높이가 60m가 넘는 은행나무 할머니는 아시아에서도 가장 큰 나무로 알려져 있다. 수령을 1,100살 정도로 추정하는데 우리나라에서 나이가 가장 많은 나무다. 은행나무는 고생대부터 살기 시작해서 현재까지 살아남아 있는 가장 오래된 식물 가운데 하나다. 같이 살던 많은 식물은 빙하기에 사라졌고 화석으로 발견되어 화석식물이라고 부르기도 한다. 그렇다면 은행나무는 어떻게 살아남았을까? 빙하기에 비교적 따뜻했던 중국에 있었기에 살아남았다고 한다. 그렇다고 따뜻한 곳에만 사느냐면 그건 아니다. 압록강 변의 강계에도 큰 은행나무가 있다. 한겨울 영하 38도까지 내려가는 중국 심양에서도 잘 살아 내한성이 강한 나무니 빙하기에도 잘 버텨낸 게 아닌가 싶다. 그리고 은행나무는 세계적으로 오직 은행나무 한 종뿐이다. 온 세상에 친척이 없다니 외롭지 않을까?

은행나무 할머니를 알현하고 용문사를 둘러보았다. 사찰은 곳곳에 아름다움이 깃들어 있었는데 어느 전각의 문고리를 오방색실로 감싸놓은 게 특히나 아름다웠다. 문고리 하나에도 아름다움을 얹어놓는 멋이 우리에겐 있다. 찍은 사진을 보다가 문고리 옆 문살 속에 갈색여치 한 마리가 앉아 있는 걸 발견했다. 예쁜 문고리에만 눈길이 머물렀는데 이런 생각지도 못한 발견이라니. 수전 손택은 사진의 고속 촬영이 과학에만 기여한 게 아니라 거대한 인식론적인 진보도 가능케 했다고 했다. 사진은 시간을 정지시키고 공간을 확대하는 것만큼 가치 있다고 했는데 시간을 정지시키고 새로운 발견의 기쁨을 가져다주기도 한다. 용문사 구경을 마치고 선배가 아름다운 공간 한 곳을 소개해주고 싶다며 데려간 곳은 구둔역이었다.

용문사에서 만난
갈색여치 한 마리.

구둔역은 1940년부터 중앙선의 간이역으로 운영되다가 1996년 1월 1일부터 역무원이 없는 무배치 간이역으로 강등되었다. 이후 청량리와 원주 간 복선 전철 사업으로 2012년에 일신역이 근처에 생기면서 그곳에 모든 임무를 넘기고 폐쇄되었다. 역사 뒤편에 서 있는 한 그루 향나무는 구둔역을 오갔을 많은 추억을 간직한 채 폐역을 지키고 있다. 근대문화의 소박한 유산이 폐역으로 남아 있는 모습을 보자니 마치 퇴역한 군인을 보는 느낌이었다.

우리나라 철도 역사는 1899년 인천의 제물포와 서울의 노량진을 잇는 경인선을 개통하며 시작한다. 우마차, 인력거 그리고 배가 운송 수단의 전부이던 시절 철도 개통은 굉장한 사건이 아닐 수 없었다. 그런데 이 굉장한 사건은 거센 수탈의 서막을 알리는 신호탄이었다. 철도는 당시 일본이 식민 지배 체제를 더욱 공고히 하면서 사람과 자원을 수탈하고 대륙으로 진출하는 통로를 확보하기 위해 건설한 것이었으니까. 함경선은 지하 자원과 삼림 자원을, 경전선은 쌀과 면화를, 동해선은 석탄과 목재, 광물 그리고 해산물을 반출할 목적으로 건설되었다. 아프리카나 남아메리카, 동남아시아의 철도가 놓인 배경 역시 식민 지배와 관련이 깊다. 폐역이 돼버린 간이역을 보고 있자니 이런저런 생각이 들어 더욱 쓸쓸했다.

우리나라 최초의 민자 역사인 양원역.

이장훈 감독의 영화 〈기적〉은 낙동강 상류 오지 마을 경북 봉화군 소천면 분천2리 사람들의 실화를 바탕으로 하고 있다. 1955년 마을을 관통하는 기찻길은 놓였지만 역이 없어 마을 사람들은 철로를 따라 근처 승부역까지 3.7km를 걸어가야만 기차를 탈 수 있었다. 기차 터널을 걸어서 지나야 하는데 마침 기차가 지나가게 되면 벽에 바짝 붙어 있어야 했다. 이런 위험을 감수하고서라도 기차를 타야 했던 건 그게 유일한 대중교통 수단이었기 때문이다. 마을 사람들은 스스로

곡괭이질을 하며 돌을 고르고 벽돌을 쌓아 세 평 남짓한 간이역을 놓는다. 1988년 4월 1일 우리나라 최초의 민자 역사인 양원역에 기차가 서기 시작한 사연이다.

해방 이후 60년대와 70년대를 거치면서 경제 발전과 더불어 지역을 잇는 간이역이 촘촘히 건설되었다. 그러다 70년대 말부터는 자동차 산업이 발전하기 시작했고 전국에 도로가 깔리면서 철도 산업이 쇠퇴해 간이역은 하나둘 닫히기 시작했다. 사람들 관심이 자가용 소유로 쏠리며 간이역은 계속 폐쇄되었다. 2004년 고속철도가 개통되면서 철도는 새롭게 주목을 받지만 2000년 이후로 간이역은 새롭게 만들어지지 않고 있다. 2000년 11월 14일에는 완행열차인 비둘기호가 중단되었다. 비둘기호는 거의 대부분 역에 정차하며 중 · 단거리 통근과 통학용 교통수단으로 활약했던 열차다. 승객의 많고 적음을 떠나 그 열차를 이용하던 이들은 이후 어떤 교통수단으로 갈아탔을까? 교통이 불편해지니 기를 써서라도 도시로 이주해야 했을까? 지역에서 간이역은 바깥세상과 소통하는 요긴한 창구다. 지방 소멸을 우려하면서 왜 간이역은 점점 사라지는 걸까?

2021년 국정감사에서 국토교통위 송준석 의원이 코레일로부터 받은 연도별 일반열차 운행 횟수 자료에 따르면 2017년부터 2021년 8월까지 경부선, 호남선, 중앙선 전체 편성의 36%에 해당하는 주중 44편, 주말 50편의 무궁화호 열차 운행이 줄었다. 지방으로 이주한 지인은 서울에 다녀갈 때마다 길어진 배차 간격으로 너무 많은 시간을 길에서 허비한다고 하소연했다. 코레일은 앞으로도 무궁화호 운행을 축소 개편할 예정이라고 하는데 무궁화호 14개 노선을 폐지하면서 아낀 비용은 겨우 39억 원이라고 한다. 2022년 러시아의 우크라이나 침공으로 유가가 폭등하자 우리 정부는 고유가에 물가 안정과 서민 지원을 이유로 유류세를 인하했는데 그 규모가 9조 원에 이르렀다. 같은 기간에 독일은 9유로 티켓 정책을 폈다. 우리 돈으로 1만 2천 원짜리 티켓을 구입하면 장거리를 제외한 모든 대중교통을 3개월 동안 이용 가능했다. 이를 위해 독일 정부는 우리 돈으로 3조 4천억 원을 대중교통 운영기관에 지원하며 요금 수입 감소분을 만회하도록 했다. 참고로 독일은 철도 천국이다.

기후위기 시대 탄소중립의 대안으로 가장 각광받는 교통수단이 기차다. 대형 물류 수단이면서 에너지 효율도 높다. 기차는 승용차에 비해 18배, 버스에 비해 4배 정도 에너지 효율이 좋은 것으로 평가받고 있다. 이뿐만 아니라 정해진 궤도를 운행하기 때문에 안전성, 정시성이 다른 교통수단에 비해 월등히 우수하며 교통 체증을 유발하지도 않는다. 간이역이 살아나면서 지방의 교통 이용이 편해진다면 지방으로 이주를 꿈꾸는 사람들이 지금보다는 늘어나지 않을까? 간이역이 구원일 수 있는 시대다. 지방 소멸을 막을 해법에 지방의 교통망도 포함되어 있는지 묻고 싶다. 6월 28일은 철도의 날이다.

익충과 해충을 구분할 수 있을까

톱다리개미허리노린재 | 학명 ***Riptortus clavatus***

허리가 좁고 세 번째 다리가 발달해
다리 부위에 톱니 모양의 가시가 달려 있다.

톱다리개미허리노린재.
지독한 냄새는
노린재만의 생존 방식이다.

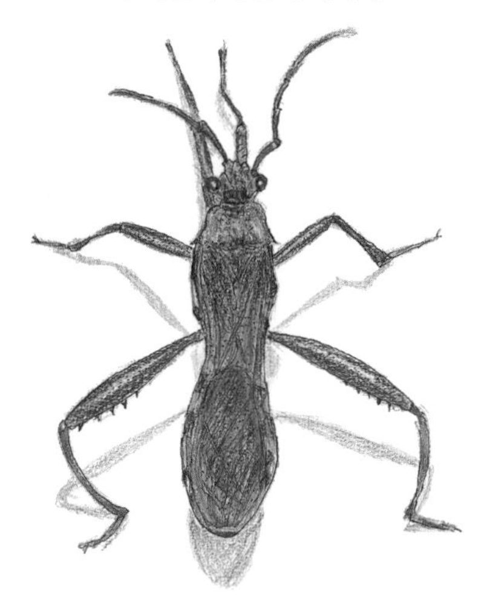

등에 하트 무늬가 있는
에사키뿔노린재.

—

사람들의 왕래가 빈번한 길에서 톱다리개미허리노린재를 봤다. 시력이 그다지 좋은 편도 아닌데 내 눈에 띄다니. 지나다니는 사람들 발에 밟힐까 염려되어 근처 풀숲에 옮겨줬다. 곤충 만지는 걸 두려워하진 않지만 노린재는 가슴에 있는 냄새샘에서 지독한 노린내를 풍기니 선뜻 만지기가 꺼려진다. 지독한 냄새는 노린재만의 생존 방식이다. 오래전 아파트 1층에 살 때 여름이면 베란다에 갈대로 만든 발을 아래쪽에 둘러쳐 놓곤 했다. 늦가을이 되어 발을 걷으려고 보면 늘 노린재 무리가 붙어 있었다. 한 마리도 아니고 언제나 무리 지어 있었다. 베란다 바깥쪽은 잔디밭이었는데 화살나무로 울타리를 만들어놨었다. 아마도 화살나무 즙을 빨아 먹던 노린재가 기온이 떨어지니 따뜻한 실내로 들어왔나 본데 방충망까지 있는 창 어디로 들어오는지 늘 궁금하다.

창틀에 빗물이 빠지도록 만들어놓은 구멍을 통해 들어오는 건지 집에는 여전히 곤충들이 자주 들어온다. 톱다리개미허리노린재는 단골손님이다. 그냥 방충망 바깥에만 붙어 있을 때는 관찰하기 좋은데 집 안으로 들어오면 벌레잡이 전용 비닐봉지로 포획을 해서 날개가 있는 녀석들은 바깥에 날려 보낸다. 잘 날지 못할 것 같으면 휴지 한 장과 함께 내보낸다. 포획된 녀석들이 긴장을 하는지 뭔가를 움켜쥐는 습성을 보이기도 하고, 곤충 다리에 있는 톱니 모양 가시나 마디가 휴지에 잘 붙기도 해서다. 휴지와 함께 바깥으로 내보내면 휴지가 공기 저항을 만들어 비교적 서서히 떨어질 테고, 그러면 곤충이 다칠 확률이 줄어들 거라 궁리해낸 방법이다. 두루마리 휴지 한 칸이지만 누가 보면 휴지를 버리는 집이라 오해할 수도 있겠다.

톱다리개미허리노린재는 그 이름에 특징이 다 들어 있다. 다리에는 톱니가 있고 허리는 잘록한 게 개미허리 같다고 해서 붙여진 이름이다. 곤충 관찰을 열심히 하던 시절 매번 새로운 노린재를 만났다. 딱정벌레만큼은 아니겠지만 노린재 종류도 무척 많다. 물자라, 소금쟁이, 게아재비, 장구애비, 물장군처럼 물에 사는 노린재 종류가 있고 땅에 사는 종류가 있는데 땅에 사는 종류만 490종이 넘는다. 냄새나는 곤충으로 유명하지만 화려하고 아름다운 노린재도 꽤 있다. 대표적인 게 등에 하트 무늬가 있는 에사키뿔노린재다. 생긴 모양으로 명명하기도 하지만 발견자 혹은 기록자의 이름이 곤충 이름이 되기도 하는데 에사키란 사람이 처음 이 곤충을 기록으로 남겨서 에사키뿔노린재가 됐다. 검은 바탕에 붉은 줄무늬가 있는 홍줄노린재, 녹색 바탕에 붉은 줄무늬가 있는 광대노린재, 알록달록 무지갯빛 광택이 나는 큰광대노린재도 있다. 편견 없이 보면 아름다움에 끌려 노린재를 더 알고 싶은 마음이 들 수도 있다.

걸어 다니며 얼마나 많은 곤충이며 미소동물을 밟고 살까 싶지만 그럼에도 눈에 띄는 생명이 있다면 살려주고 싶다. 이런 생각이 크게 들었던 건 한 두꺼비와의 인연 때문이다. 비가 제법 내리는 여름 저녁, 강연이 있어 봉하마을에서 하룻밤 묵는 어느 날이었다. 진영역에서 택시를 타고 봉하마을 연수원 앞에 내려 우산을 펼치고는 막 한 발 떼는데 내 발끝에 뭔가 묵직한 게 닿는 듯하더니 곧장 튕겨 나갔다. 곧이어 앞쪽에서 '툭!' 하고 꽤 묵직한 뭔가가 떨어지는 소리가 들렸다. 순식간에 벌어진 일이라 그때 상황을 자세히 기억하려 애써도 그냥 내 발끝에 뭔가 닿았다는 것 말고는 생각나는 게 없었다. 날아간 물체가 뭔지 궁금했다. 가로등 불빛에 신발을 비춰봤지만 어떤 흔적도 없었다. 소리가 난 쪽으로 가서 스마트폰 불빛을 켜고 살폈더니 다름 아닌 두꺼비였다. 순간 콩닥거리는 가슴을 안고 두꺼비 상태를 확인했다. 두꺼비는 미동도 없이 있더니 잠시 후 천천히 풀숲으로 어기적어기적 걸어 들어갔다. 난데없이 발길질을 당해서 잠깐 정신을 잃었던 걸까? 어떻게 내 발이 닿는 바로 그 자리에 두꺼비가 있었는지 기막힌 인연이 아닐 수 없다.

두꺼비가 무사한 걸 확인하고 안도의 숨을 쉬었다. 연수원 직원에게 이 얘길 했더니 연수원에 사는 두꺼비라고 했다. 어떻게 아느냐 했더니 밥 먹으러 출근 중이었을 거라 한다. 그러면서 가리키는 곳이 있었다. 건물 벽에 달아놓은 외등 불빛이 환하니 그 불빛을 따라 많은 곤충이 몰려들고 그러다 떨어지는 곤충을 두꺼비가 주워 먹는다는 거였다. 다음 날 아침, 그곳에는 제비 둥지도 몇 개 보였다. 먹고 먹히며 그곳에도 작은 생태계가 형성돼 있었다. 만약 그날 내 의도와는 무관하게 두꺼비를 밟았거나 멀리 날아간 두꺼비가 잘못됐더라면 어찌 되었을까 생각하며 한 번 더 가슴을 쓸어내렸다. 그날 이후 길을 걷다가도 자꾸 발밑을 살피게 된다.

작은 생명들을 마주할 때면 흔히 '해충'으로 분류되어 사람들에게 천대받는 곤충들이 떠오른다. 알록달록 귀여운 외모의 무당벌레가 그 대표 주자 아닐까. 무당벌레를 영어로 ladybug라 부르게 된 건 중세 예술에서 붉은 망토를 입은 모습이 종종 눈에 띄는 성모 마리아 때문이다. 무당벌레의 붉은색과 검은색은 성모 마리아의 망토를 상징하고 반점은 그녀의 기쁨과 슬픔을 상징한다고 한다. 이렇게 이름에 신성한 어원이 깃든 무당벌레가 텃밭에서는 해충의 대표 주자다. 이십팔점무당벌레는 잎을 갉아 먹어 농사에 피해를 주기 때문에 보이는 대로 없애야 한다며 텃밭에 약을 치는 사람도 있었다. 텃밭을 가꾸던 때의 일이다. 우리 감자밭에도 이십팔점무당벌레가 제법 보였지만 나는 차마 약을 칠 수 없었다. 어찌 할 계획도 없이 나무젓가락으로 한 마리씩 집어 봉지에 담아두었는데, 마침 그 텃밭에 사는 두꺼비가 밭고랑에 나타났다. 잡아둔 무당벌레를 한 마리씩 던져주었더니 두꺼비는 붉고 긴 혀로 잘도 받아먹었다. 살충제보다는 자연의 이치대로 흘러가는 게 괜찮겠다 싶었다. 이십팔점무당벌레와 달리 애홍점박이무당벌레는 진딧물, 응애, 깍지벌레를 잡아먹는 익충이라서 내버려 둬도 괜찮단다. 해충과 익충을 가르는 경계가 인간에게 도움을 주느냐 마느냐로 갈린 셈이다. 그렇지만 지구 생태계 전체로 보면 그렇게 나눌 어떤 근거도 없다. 다만 생태계 균형이 깨졌을 때 해충이 되는데 그 균형을 깨는 주체는 오직 인간뿐이다.

무당벌레. 해충이냐 익충이냐 따지는 게 옳은 일일까?

환경윤리철학자 폴 테일러는 '어떤 생명체가 본래적 가치를 지닌 게 사실이라면 그 생명체는 다른 존재의 선에 대한 언급 없이, 그리고 그 생명체가 가질 수 있는 도구적 또는 고유한 가치와 무관하게 그 가치를 지닌다'고 했다. 어떤 도움이 되기 때문에 가치가 있는 게 아니라 존재 자체로서 가치가 있다는 것이다.

모이대, 작은 생태계를 이루다

까마중 | 학명 ***Solanum nigrum***

가지과에 속하는 한해살이풀. 5~7월에 개화한다.

강태, 깜두라지, 까마종이, 용규 등으로도 불린다.

어느 해엔가 까마중 몇 포기가 모이대 왼쪽에서 자라기 시작했다.
새들이 까마중 열매를 먹고 눈 똥에서 싹이 났을 확률이 높았다.
썩덩나무노린재는 까마중 잎에 알을 깠다.

모이대를 작은 생태계가 아니면 뭐라 설명할 수 있을까?

—

고양이를 키우는 사람을 냥이 집사라고 부르는데 그런 점에서 나는 새 집사다. 시중을 드는 사람이라지만 즐거움이 있으니 자발적 집사가 되는 거다. 새 모이대를 집에 두고 누리는 즐거움은 크다. 단 한 번도 같은 풍경일 때가 없고 예측불허의 재미난 장면, 가슴 조마조마한 장면이 시시때때로 펼쳐지기 때문이다. 드물긴 하지만 황조롱이나 새매가 모이대에 온 적이 몇 번 있었다. 모이대가 좁아 맹금이 앉기엔 적절하지 않으니 가장자리에 잠시 앉아 있다가(라고 쓰지만 속내는 먹잇감을 기다리다가) 날아가 버렸다. 한번은 황조롱이가 어느 결에 날아와 모이대 끝에 앉아 있는 걸 뒤늦게 발견했는데 노란 발에 억센 발톱을 보니 심장이 두근거렸다. 저 발에 참새처럼 작은 새는 걸려드는 순간 끝장이겠구나 싶었으니까. 작은 새들이 늘 왁자지껄 몰려오니 많은 새들이 모이대를 노리고 있겠다 싶다.

까마귀는 공원에서 어린아이가 손에 들고 있는 빵도 채 가는 새답게 모이대에 둔 큰 먹이를 잘도 물어 간다. 직박구리와 참새가 와서 사과를 쪼아 먹다가 사과 크기가 적당히 줄어든다 싶으면 영락없이 까마귀가 와서 가져가 버린다. 어느 순간부터 사과가 자꾸 사라졌는데 처음엔 직박구리가 워낙 요란스레 쪼아 먹으니까 그 과정에서 아래로 떨어진 줄 알았다. 그래서 사과를 모이대에 꽂아뒀는데 어느 날 까마귀 한 마리가 큰 몸집으로 불안하게 착지하더니만 사과를 순식간에 뽑아서 날아가는 게 아닌가! 그제야 그간의 궁금증에 퍼즐이 맞춰졌다. 그 사과는 내가 아주 힘들게 명아주 줄기에 꽂아둔 거였다. 참고로 명아주 줄기는 가볍고 내구성이 좋아 지팡이로 만들어 쓰기도 하는데 이 명아주 줄기에 사과를 꽂아둬도 끄떡없을 정도로 질기다. 아무튼 나는 두 손으로 힘들게 꽂았는데 부리로 0.3초 만에 뽑아 가다니 허탈한 마음이 들다 헛웃음이 났다. 이어 직박구리가 사과를 먹으러 왔다가 두리번거린다. 그 모습을 보니 또 안됐다 싶어 사과를 내놓는다. 작아지면 까마귀가 가져가겠지, 이러면서. 며칠 뒤 바로 위층 실외기에 앉아서 아래를 내려다보던 까마귀와 내 눈이 딱 마주쳤다. 까마귀는 마치 '들켰네' 하듯이 푸드덕 날아가 버렸다. 사과 크기가 줄어들기만을 죽치고 기다리는 까마귀라니. 이 장면이 생각날 때마다 웃음을 참을 길이 없다.

애당초 모이대를 만든 건 단순한 호기심에서였다. 봄에 이사를 왔는데 새벽 봄 새소리가 그토록 아름다운 줄 태어나서 처음 느꼈다.

저렇게 새가 많다면 모이대를 만들어볼까 싶었다. 새를 주로 그리는 지인에게 새가 먹이를 먹으러 온다는 이야길 자주 전해 들었던 터였다. 화분 거치대에 흙만 채운 빈 화분을 내놓고 쌀을 한 줌 놓을 때만 해도 '정말 새가 올까?' 생각했다. 그땐 미처 몰랐다. 새들이 얼마나 의심 많은 동물인지. 의심이 많다는 건 그만큼 신중하고 영리하다는 의미다. 8년여를 지켜보고 내린 결론은 그렇다. 모이대를 처음 내놓고 스무하루가 지나고 나서야 참새 한 마리가 모이대로 왔다. 그 전에 내가 지켜보지 못했을 때 다녀갔는지도 모른다. 모이를 놓자마자 곧장 와서 먹지 않는다는 사실은 야생에서 생존하는 방법일 것이다. 뭔지 모르고 덥석 물었다가는 어떤 낭패를 당하게 될지 이에 대한 정보가 반복 학습을 통해 그들 DNA에 내재해 있는지도 모를 일이다. 적당히 물고 갈 수 있는 크기가 되면 낚아채 가는 것도 DNA에 내재돼 있는 걸까? 지구에 80억이 넘는 인류가 살고 있고 서식지는 점점 파괴되고 있으니 이제 야생의 목숨붙이도 이런 환경에 맞춰 진화하지 않을까? 농촌보다 도시가 야생동물이 살기에 최적화되었다는 보고는 이미 많다. 음식물 쓰레기가 넘쳐나니 먹을 것도 많고 몸을 숨길 공간도 많다. 더구나 농촌처럼 농약을 뿌려대는 일도 없으니. 어떤 포장의 먹이, 어떤 건물에서 나온 먹이가 안전한지 이들 사이에 정보가 축적되는 건 아닐까? 어쩌면 그런 정보가 다음 세대로 전달되며 유기체의 유전적

구성의 일부가 되지는 않을까? 과학 철학자 대니얼 C. 데닛의 책 《박테리아에서 바흐까지, 그리고 다시 박테리아로》에 보면 '동결된 우연 frozen accidents'이라는 표현이 나온다. 진화생물학에서 제기된 가설로 진화 과정에서 우연한 사건이 중요한 역할을 한다는 거다. 진화라는 게 적응을 통해 또는 이점이 있어서 일어나기도 하지만 때론 단순히 발생했고 이후 이어진 어떤 진화 과정에 끼어들지 않은 채 동결되어 현재까지 남아 있다는 가설이다. 생물의 진화는 이토록이나 예측불허고 알 길이 없다. 그러니 지금 여기 지구에 살아가고 있는 이 무수한 생명 하나하나가 얼마나 귀하고 기적 같은 존재인 걸까.

모이대에서 수확한 잡초들.

어느 해엔가 까마중 몇 포기가 모이대 왼쪽에서 자라기 시작했다. 처음엔 바람 타고 씨가 날아온 거라 생각했다. 까마중에 하얀 꽃이 피고 초록 열매가 맺히더니 까맣게 익어가자 멧비둘기며 직박구리가 들락거리기 시작했다. 마지막 한 알까지 남김없이 따 먹자 겨울이 왔다. 그 이듬해 이번에는 모이대 오른쪽에서 까마중 몇 포기가 자라기 시작했다. 다음 해 다시 왼쪽에서 까마중이 자라는 걸 보면서 깨달았다. 새들이 까마중 씨앗을 먹고 눈 똥에서 싹이 났을 확률이 높다는 것을. 처음 까마중은 누군가의 똥으로 옮겨 와 열매를 맺었고 새가 그걸 따 먹으며 눈 똥이 반대쪽에 몇 포기로 또 자랐다. 자연스럽게 순환되는 것을 보니 새들이 농사의 농 자도 모르는 나보다 낫구나 싶다. 왕바랭이, 쇠비름에다 명아주도 잘 자라서 한여름에는 모이대가 초록으로 무성하다. 새들이 먹고 와서 눈 똥이라는 데 확신을 갖는 근거가 더 있다. 새들은 이런 잡초에 열리는 작은 풀씨를 남김없이 먹는다. 그래서 모이대는 풀이 자라는 봄부터 시작해서 늦가을까지 멋진 잡초밭이 된다. 새가 눈 똥이 아니라면 누가 그 씨앗들을 심었을까? 구아노*로 불리는 새똥은 질소에 인산까지 풍부한 고급 비료다. 귀리와 기장이 자란 적도 있다. 기장은 온전하게 한 포기를 수확하기까지 했다. 아마도 내가 모이로 준 잡곡에서 싹이 튼 것 같은데 우리 모이대가 점점 옥토

* 강우량이 적은 건조 지대에서 새들의 배설물이 퇴적, 응고되어 화석화된 것.

로 바뀌고 있다는 증거가 아니겠냐고 우겨본다.

어느 해에는 까마중 잎 뒷면에 하얀 곤충알이 다다닥 붙어 있었다. 며칠 시간이 지나자 알 껍질에 작고 둥그런 구멍을 뚫고 곤충이 등장했다. 썩덩나무노린재 약충이었다. 모이대를 작은 생태계가 아니면 뭐라 설명할 수 있을까? 알 개수보다 약충 개수가 줄었고 성충으로 탈바꿈해서 내 눈에 띈 녀석은 단 한 마리였다. 아마 성충이 되어 날아간 녀석도 있을지 모른다. 대체 새들이 시도 때도 없이 오가는 그곳에 알을 낳다니 '냄새가 이렇게 고약한데 설마 먹겠어?' 이런 배짱이었을까?

모이대에 화분이 두 개로 늘었고 아래에 버드피더까지 달아놓으니 동네 새들(주로 참새)이 모여든다. 모여드는 새 숫자가 늘어나는 만큼 집사로서의 고충도 늘었다. 이 고충은 계절에 따라 양상이 달라진다. 가장 힘든 건 똥 치우는 일이다. 와서 먹고 싸고, 먹고 와서 싸고. 모이대의 즐거움은 식구가 모두 즐기지만 똥 치우는 건 100% 내 몫이다. 주로 비가 내릴 때 물청소를 하는데 봄 가뭄 때문에 비 내리는 일이 줄어들다 보니 바깥에 있다가도 비가 내리면 마음이 바빠진다. 얼른 집 가서 모이대 청소할 생각에. 모이대를 청소하면서 겨울과 봄 가뭄이 점점 심각해지는 걸 피부로 느낀다. 모이를 대는 일도 쉽지 않다. 비용이야 어차피 공간 사용료라고 생각했으니 감수하는데 깜빡하고 모이 사 오는 것을 잊는 날에는 낭패다. 해서 장보기 리스트에 '새 모이'가 자주 등장한다.

우리가 먹다 남긴 음식물 가운데 새들이 먹을 만한 건 먹이로 활용한다. 밥풀은 말할 것도 없고 염분이 충분히 빠진 국물 우린 멸치도 잘게 다져서 내놓으면 새들이 다 먹는다. 한번은 바빠서 멸치를 통째 내놨더니 뼈만 남았다. 아직 몇 개 남아 있어 지켜보는데 땅벌이 와서 큰 턱으로 손질하더니 살만 물고 갔다. 어떤 동물이 어떤 모이를 물고 갈지 오늘도 그 작은 생태계에서 벌어질 일이 기대된다.

제주를 여행하며 만난 우연 아닌 필연

긴꼬리딱새 | 학명 ***Terpsiphone atrocaudata***

참새목 긴꼬리딱새과의 조류.

'삼광조'로도 불린다.

내 생애 첫 긴꼬리딱새를 사려니숲에서 만났다.

—

일주일을 제주에서 지낸 적이 있다. 몇 군데 숲과 작은 책방 그리고 미술관 두 군데 가는 것 말고는 그냥 빈둥대며 지냈다. 정신없이 바쁜 일정 사이에 틈을 벌려놓고 싶었다. 해가 중천에 뜨도록 늦잠을 잘 생각이었는데 첫날부터 너무 일찍 잠이 깼다. 알람 소리에 눈을 뜨고 보니 기상 시간보다 한참 전이었다. 다시 자려는데 열어놓은 창 너머에서 지저귀는 새소리에 귀가 번쩍 깼다. 알람의 주인은 다름 아닌 섬휘파람새였다. 새소리를 들으니 다시 잠들 생각이 달아나 버렸다. 쌍안경을 꺼내 와 창가로 가서 새를 찾기 시작했지만 새벽 공기를 가르며 싱싱한 지저귐만 울릴 뿐이었다. 조용히 마당으로 나가서 여름 새벽의 단 공기를 깊숙이 들이마시며 새소리를 즐겼다.

새소리를 알람으로 착각했던 때가 또 있다. 2018년 프랑스 여행 중에 있던 일이다. 밤에 창을 조금 열고 잠이 들었는데 새벽에 알람 소리에 깼다. 내 휴대폰에서 울리는 소리가 아니었다. 옆 침대에서 자고 있던 딸의 휴대폰도 아니었다. 알람은 계속 울렸다. 그러는 동안 잠은 다 달아났고 비몽사몽간에 소리의 진원지를 찾다가 열린 창틈으로 소리가 들어오고 있다는 걸 알게 되었다. 아직 새벽인 어슴푸레한 여명 너머로 무언가 움직이는 게 보였다. 프랑스 공원에서도 자주 만났던 대륙검은지빠귀였다. 지빠귀류는 명가수라는 별칭이 붙을 정도로 아름다운 소리를 낸다. 그 새벽 새소리도 아름다운 기억이다. 4년이 흘러 제주의 여름 새벽, 섬휘파람새 소리에 잠이 깨고 보니 행복했던 그때가 떠올랐다. 숙소 마당가에는 키가 큰 야자수나무가 서너 그루 있었는데 섬휘파람새는 그 어딘가에 몸을 숨긴 채 열심히 존재를 확인시키고 있었다. 그때 문득 긴꼬리딱새가 생각났다. 6월의 제주에서 만나고 싶은 새였는데 까맣게 잊고 있다가 섬휘파람새 소리를 듣고 기억이 떠올랐다.

늦은 아침을 먹고 나선 곳은 사려니숲이었다. 사려니숲은 한낮의 해를 가릴 정도로 높고 빽빽하게 자란 삼나무로 시원했다. 한라산 기슭에 있는 사려니숲에서 동북쪽으로 길게 난 1112번 도로는 독특한 모습이다. 도로가는 가로수가 띄엄띄엄 심어 있는 정도가 아니라 아예 숲이다. 도로를 한참 달리도록 삼나무 숲이 양옆으로 사열하듯 펼쳐진 풍경이 멋져 드라이브 코스로도 유명하다. 사려니숲에서 시작해 비자림까지 이어진 이 아름다운 길은 1112번 도로보다는 '비자림로'로 불린다. 그런데 제주시는 이 길의 일부 구간인 대천 교차로부터 금

백조로 입구까지 2.9km 구간을 왕복 2차선에서 4차선으로 넓히기 위해 1천여 그루나 되는 삼나무를 벌채했다. 관광객이 증가하니 도로 이용량은 늘어나는데 도로는 너무 좁은 데다 불법 주정차까지 겹쳐 안전 운행에 문제가 있다는 게 확장 사업의 이유다. 비자림로를 지키려는 시민들은 차량 통행량이 많지 않은데도 확장하려 한다며 확장 공사에 반발했다. 설령 통행량이 많다고 해서 도로를 확장한다면 제주의 환경은 어떻게 되겠냐는 게 비자림로 확장을 반대하는 시민들의 입장이다. 게다가 확장 구간 근처 숲과 계곡에서 애기뿔쇠똥구리, 두점박이사슴벌레 같은 멸종위기 생물들과 팔색조 서식지까지 발견됐다. 이런 현실을 알고 나니 중산간에 있는 숙소에서 사려니숲까지 자동차를 이용하는 마음이 영 불편했다. 비행기를 타고 와서 또다시 자동차로 돌아다닌다는 게 불편했고 나처럼 제주를 차로 관광하는 사람들 때문에 삼나무가 사라질지도 모른다는 생각에 불편했다. 숲 너머에서 어떤 동물이 언제 튀어나올지 몰라 또한 불편했다. 그동안 충분히 덜 소비했으니 내 행위를 일정 부분 상쇄할 수 있다고, 주로 걷고 어쩌다 한두 번 차를 타고 다니니까 그나마 화석연료를 덜 쓰는 거라고 애써 핑곗거리를 만들지만 어쭙잖은 변명이었다.

긴꼬리딱새는 이따금 내륙에서도 발견되긴 하지만 주로 제주에

비자림로로 불리는 제주의 1112번 도로.
무참히 벌채된 삼나무 숲에 마음이 불편하다.

서 관찰되는 여름 철새다. 마침 여름이고 제주에 왔으니 욕심을 내고 싶은 마음도 있었지만 세상의 이치는 우연이 만든 필연으로 돌아가니까 믿을 건 우연뿐이라 생각했다. 숲과 숲 사이에 난 황톳길을 걸으면서 내 눈은 나무 사이사이를 계속 살폈다. 마음으로는 기대를 안 한다고 했지만 내 눈은 너무 솔직했다. 그러다가 거짓말처럼 긴꼬리딱새가 나뭇가지에 앉아 있는 모습을 봤다. 너무 놀라서 거의 심장이 멎을 것만 같았다. 좀 더 자세히 보려고 쌍안경을 눈에 대려는 바로 그 순간

새는 오른쪽 숲에서 내가 서 있던 길을 가로질러 왼쪽 숲으로 날아갔다. 긴꼬리딱새는 눈과 부리가 하늘색에 가까운 파란색이고 몸 전체는 대체로 검다. 긴꼬리를 휘날리며 날아가는 모습은 가히 환상적이었다. 신성한 숲이라는 뜻이 담겨 있는 사려니숲에서 처음 긴꼬리딱새를 만나다니. 이제 사려니숲은 내게 진정 신성한 숲이 되었다.

숲은 제주 도민의 것이 아니고 우리의 것도 아니고 그곳에 살고 있는 모든 생물들의 집이며 지구에 사는 모두의 공공재다. 긴꼬리딱새가 살고 있는 사려니숲, 그 숲과 이어진 도로를 넓히려 삼나무가 잘려나가고 도로 위를 더 많은 차가 다니게 된다면 긴꼬리딱새는 그 숲에서 얼마나 더 살 수 있을까? 비자림로에 서식하고 있는 수많은 생물의 존재는 도로를 넓히는 동안 줄곧 배제되고 있지만 시민들이 공사 현장을 모니터링하며 존재를 발견했다. 공사 도중 발견된 애기뿔소똥구리 1,400여 마리를 제주도는 다른 곳으로 옮겨놓았다. 이른바 대체 서식지다. 대체 서식지라는 게 얼마나 인간 중심적이고 인간 편의적인 말인가? 이미 다른 개체들이 살고 있는 곳에 강제로 옮겨진 애기뿔소똥구리들은 그곳에서 제대로 정착해 살 수 있을까? 무엇보다 제주도는 당장 기후변화의 피해를 입고 있는 지역이다. 해수면 상승이 전국에서 가장 빠르게 진행 중이고 해수 온도 역시 전 세계 평균보다 두 배 이상 높게 상승하고 있다. 해수 온도 상승은 갯녹음* 을 가속화시켜 바닷속을 황폐화시키고 있다. 탄소 흡수원인 숲을 다른 어느 곳보다 보존해야 하는 제주에서 도로 확장을 위해 산림을 훼손하고 제주 제2공항을 짓겠다고 한다. 제주 도민들조차 개발 반대 여론이 앞섰다. 도대체 누굴 위한 도로 확장이고 공항 건설인지 그 어떤 것도 설득력이 있어 보이지 않는다. 많은 사람이 찾아와서 도로가 좁다면 여행 총량제를 실시하면 된다. 여행자들이 제주를 찾고 제주를 그리워하는 까닭은 제주의 자연 때문이다. 사려니숲에 오래도록 긴꼬리딱새가 사는 제주이길! 간절히 기원해본다.

비자림로가 훼손되면 이 두점박이 사슴벌레는 어디로 갈까?

* 연안 암반 지역에서 해조류가 사라지고 흰색의 석회 조류가 달라붙어 암반 지역이 흰색으로 변하는 현상.

먹다 만 풋고추 구멍 속 정체

담배나방 애벌레 | 학명 ***Helicoverpa assulta***

나비목 밤나방과의 곤충. 유충은 주로 담뱃잎을 갉아 먹으며
고추나 토마토 열매 속으로 파고들어 가 구멍을 낸다.

구멍 뚫린 풋고추 속에서 담배나방 애벌레가 나왔다.

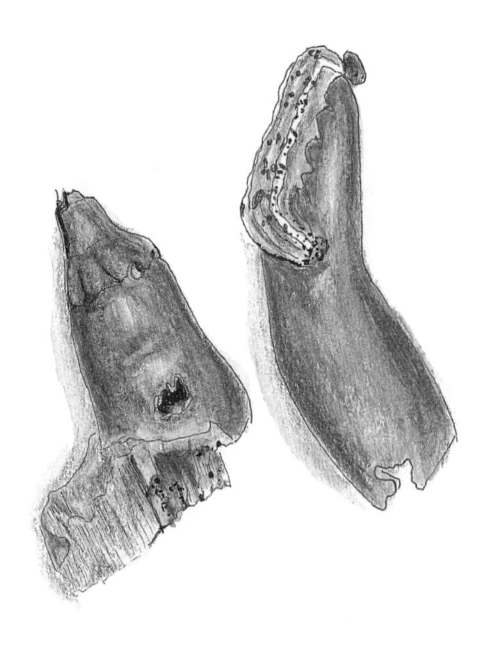

—

더운 여름은 입맛을 잃기 쉬운 계절이다. 태생적으로 먹는 일에 관심이 적은 편인 데다 스트레스가 쌓이거나 피곤하면 절로 입맛을 잃는다. 거기다 더위까지 극에 달하면 배가 아무리 고파도 밥을 밀어 넣기가 힘들 때도 있다. 이럴 때 구급약이 풋고추와 오이지다. 오이지는 어릴 적에는 먹어본 적이 없는 음식이다. 어른이 되어 입맛이 완전히 달아난 어느 해 여름, 여럿이 밥을 먹을 일이 있었다. 무엇을 먹든 쓴맛이 나던 차에 접시에 담긴 오이지무침이 눈에 들어왔다. 한 젓가락을 집어 먹는데 달았다. 오이지 하나로 거짓말처럼 입맛을 되찾았다. 정말 신기한 일이었다. 오이지에 눈을 뜨자 이걸로 요리하는 법에도 관심이 갔다. 오이지무침은 물에 담가 짠맛을 적절하게 뺀 뒤 물기를 꼭 짜는 게 핵심이다. 그래야 무쳐도 꼬들꼬들 맛있다. 오이지 냉국은 사실 요리랄 것도 없다. 오이지를 썰고 몇 가지 양념과 함께 생수를 부으면 끝이니까. 그런데도 입맛을 되돌려주니 얼마나 고마운지. 볶거나 찌느라 에너지를 소비하지도 않고 간단하게 만들어 먹을 수 있는 이런 음식이 나는 너무나 고맙다. 탄소발자국 찍으며 수입해 온 식재료를 사용하거나 기름지게 먹는 일은 80억 인구가 모두 누릴 수 없다는 걸 알기에 가능하면 간단하게 먹으려 한다. 오이가 많이 나는 계절에 오이지를 담가두고 필요한 만큼 꺼내 먹는 이런 음식이야말로 기후위기 시대를 살아가는 데 요긴한 먹을거리라 생각한다.

매운 음식을 못 먹어서 떡볶이를 처음 먹어본 게 서른이 넘어서였다. 그랬던 내 입맛이 점점 자극적으로 변하고 있다. 입맛을 잃어 힘들어하다 간이 센 음식을 먹으면 입맛이 돌아오니 아마도 그 무렵부터 매운 음식을 먹기 시작했던 것 같다. 특별히 손질하지 않아도 쌈장만 있으면 한 끼를 너끈히 해결해주는 반찬이 풋고추다. 이렇게 즐겨 먹는 풋고추도 정나미가 떨어질 때가 있다. 저녁 밥상에서 풋고추를 하나 집어 들었는데 무척 매웠다. 도저히 먹을 수 없을 것 같아 내려놓는 와중에 검은 반점이 눈에 들어왔다. 궁금해서 들여다보니 바늘구멍 같은 흔적이 보여 호기심에 가위로 잘라봤다. 구멍 가까이에는 혹시 벌레가 있을까 싶어서 구멍에서 먼 곳을 잘랐다. 시커먼 벌레 똥이 가득 차 있다. 그걸 보니 매워 얼얼하던 혀의 감각을 잊을 정도로 역겨운 감정이 올라왔다. '혹시 한 입 먹었던 부분에도?' 하는 생각 때문에. 그러나 이미 지나간 일이었다. 조금 더 잘랐더니 간발의 차로 가윗날을 비껴간 애벌레 한 마리가 마치 얼떨결에 들킨 듯 그 안에 있었다. 가위가 애벌레를 비껴간 것에 가슴을 쓸어내리고 나자 이 매운 고추

속에서 벌레가 살 수 있다는 게 놀라웠다. 하긴 바다 밑 2,600m 아래 400도나 되는 심해 열수구에 사는 생물도 있긴 하다. 그러니 고추 속에서 애벌레가 사는 것쯤이야 놀랄 일도 아니지.

정체가 궁금해 찾아보니 담배나방 애벌레였다. 고추에서 나왔는데 이름에 담배가 붙어 있다. 그렇다면 이 곤충은 담배 농사에도 참견을 한다는 얘기다. 좀 더 찾아보니 토마토, 목화, 옥수수, 가지, 피망에 이르기까지 기주식물이 많다. 고추 농사를 짓는 이들에게 담배나방 애벌레는 큰 골치라고 한다. 나방이 꽃이나 잎에 알을 낳는데 너무 작아 눈에 띄지도 않고 알에서 부화한 애벌레는 고추 속으로 들어가 씨앗을 갉아 먹으며 산다. 애벌레 한 마리가 많게는 고추 열 개까지 먹어 치우고, 고추를 옮겨 다니며 구멍을 뚫고 들어간다. 이때 뚫린 구멍은 빗물이나 병원성 곰팡이가 침입하기 좋은 조건이어서 결국 고추는 썩거나 상품성이 떨어지게 된다. 애벌레가 구멍을 파고 안으로 들어가니 방제가 쉽지 않다. 거기다 담배나방은 번데기 상태로 땅속에서 겨울을 지내고 이듬해 6월부터 한두 달 간격으로 1년에 세 번 발생한다. 방제가 힘들 수밖에 없다. 가물수록 나방이 활동하기 좋은 환경이 되니까 가뭄은 병충해 발생에 가속페달을 밟는 셈이다. 병충해 발생이 많아진다는 것은 그만큼 방제를 많이 할 수밖에 없고 이는 결국 악순환을 불러온다. 번데기 수를 줄이는 게 최상의 방제일 것 같은데 겨울에도 기온이 낮지 않다 보니 월동하는 번데기 숫자가 크게 줄지 않는다. 결국 지구온난화는 병충해 발생률도 높인다. 주변에서 기후문제가 연결되지 않은 걸 찾는 게 빠를 것 같다.

애벌레를 어쩔까 하다가 투명한 통에 담아 뚜껑에 구멍을 뚫어주고는 지켜보기로 했다. 고추를 넣어주니 엄청난 식욕을 자랑이라도 하듯 먹어 치우고 초록 똥을 눈다. 고추 하나가 거의 사라질 즈음 하나를 더 넣어주려 뚜껑을 여니 매운 냄새가 진동한다. 고추에 구멍을 여기저기 많이도 뚫어놓고는 들어갔다 나왔다 하며 열심히 먹고 누고 했다. 저러다 성충이 되면 어떡할지 고민이 좀 되었다. 골칫거리인 나방을 하나 더 보탤 수는 없는 노릇이었다. 그런 내 고민을 듣기라도 한 건지 담배나방 애벌레는 결국 성충으로 탈바꿈을 못 한 채 생을 마감했다. 성충이 되지 못했던 이유를 찾지 못했다. 고추밭의 환경과 비슷하게 하려 볕이 드는 거실 창가에 두었는데. 무언가 충족되지 못한 게 있었을 거라 추측만 할 뿐이다. 해충으로 고추 농사를 짓는 이들에겐 미운털이 박힌 곤충이지만 어쨌든 살아 있는 목숨이어서 끝까지 지켜볼 수밖에 없었다.

인간이 진화의 산물인
깃털을 얻기 위해 벌인 일

라이브 플러킹 | ***live plucking***

인간의 따뜻함을 위해 살아 있는 동물의 털을 강제로 뽑는 행위.

우리가 새들에게 무슨 짓을 했는지
되돌아보고 반성해야 할 시간.

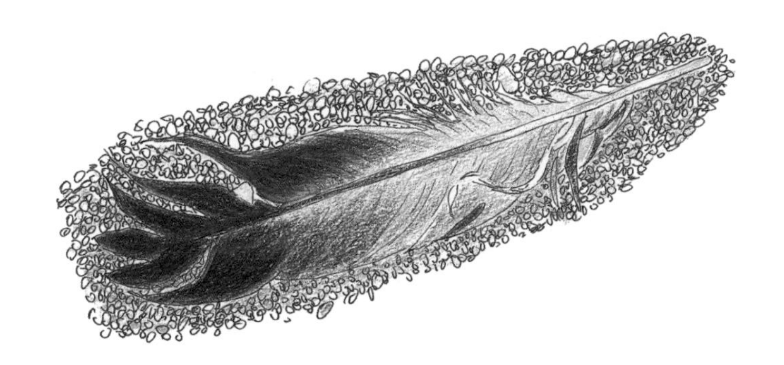

—

다이달로스는 갇혀 있던 크레타섬에서 탈출하려 새의 깃털을 모아 실로 엮고 밀랍을 발라 날개를 만든다. 아들인 이카로스에게 날개를 달아주며 비행 연습을 시켰다. 너무 높게 날면 태양열에 밀랍이 녹고 너무 낮게 날면 바다의 물기가 묻어 날개가 무거워지니 하늘과 바다의 중간을 날도록 주의를 줬다. 탈출하는 날 이카로스는 자유롭게 날 수 있게 되자 아버지의 경고를 무시한 채 높이 날아오른다. 그러다 결국 태양열에 밀랍이 녹아 날개를 잃고 바다에 떨어져 죽고 만다.

그리스 신화에 나오는 이카로스의 날개를 너무 일찍 접해서일까? 하늘을 나는 것을 한 번도 선망한 적이 없다. 오히려 고소공포증을 극복하기까지 오랜 시간이 걸렸다. 주로 저층에만 살다가 고층에 살게 되었을 때 한동안 베란다로 나가는 일이 너무 두려웠다. 그러다 모이대를 마련하고 날마다 새 모이를 내놓으면서 공포심이 많이 줄었다. 새는 모이대에 앉았다가도 휙 떨어지듯 날아간다. 그런 몸짓을 보면서 허공을 나는 자유로움을 진지하게 생각하게 되었다. 새는 떨어질 염려가 없어서 좋겠다는 생각을 했다. 날 수 있도록 새는 몸을 변화시키며 진화했다. 몸무게를 줄이려 이빨을 포기했고 뼈를 비웠으며 때로 먼 길을 이동할 때면 몸속 장기마저 최소화한다. 비우고 덜어내야 비로소 얻을 수 있는 게 있다는 걸 새를 보며 배운다.

새에겐 깃털이 있다. 그것도 다양한 기능을 가진 갖가지 깃털로 몸이 덮여 있다. 추위를 막아주는 포근한 솜털도, 물속에 들어가도 젖지 않는 방수 기능을 가진 겉깃털도 있다. 날아오를 수 있는 항력과 추진력을 만드는 날개깃도 있고 날 때 균형과 방향을 조절하는 꽁지깃도 있다. 번식기 때 암컷에게 멋져 보이도록 번식깃도 있다. 몸의 어느 부위에 있는 깃털이냐에 따라 모양과 기능이 다르다.

《깃털》을 쓴 보존생물학자 소어 헨슨에 따르면 깃털의 수는 새마다 다르고 계절에 따라서도 다르다. 명금류의 몸에는 깃털이 대락 2천~4천 개 정도 있는데(고니의 경우는 2만 5천여 개나 된다) 이 가운데 거의 대부분이 솜깃털 깃가지를 지니거나 뒷축깃이라 불리는 솜털 같은 부속물을 지니고 있다고 한다. 여름보다는 추운 겨울에 깃털 수가 증가한다. 추운 겨울밤 집도 없이 밖에서 추워 어쩌냐 싶지만 고작 5g 밖에 안 되는 상모솔새의 깃털 안쪽과 바깥의 온도 차는 무려 25도나 될 정도다. 깃털이 핫팩이나 마찬가지라니 추울까 봐 염려했던 건 완전히 기우였다. 겨울에 참새를 보면 깃털을 한껏 부풀리고 있다. 부풀린 깃털 사이로 공기가 충전재 역할을 하며 체온을 따뜻하게 감싸준다. 그래서 새들은 겨울이면 털 찐 새가 된다. 더운 여름에는 겉깃털이 태양의 복사에너지를 차단하는 역할을 한다. 새의 깃털은 에어컨과 핫팩을 동시에 장착한 최고의 발명품이다.

깃털은 새에게만 유용한 게 아니다. 많은 동물이 깃털을 가져다 활용하고 있다. 설치류 동물은 자기 굴속에 깃털을 채워두고 추운 겨울을 지낸다. 설치류가 굴을 옮겨 가면 그 깃털을 호박벌이 가져다 재사용한다. 우리도 새의 깃털을 활용하고 있다. 거위나 오리의 솜털과 깃털로 채운 다운 패딩을 입으니까. 다만 동물과 인간이 깃털을 수집하는 방법에는 큰 차이가 있다. 우리는 살아 있는 거위의 솜털을 뽑는 라이브 플러킹live plucking 방식으로 털을 모아 옷을 만들어 입는다. 살아 있으면 깃털이 계속 나오니 오리나 거위의 털을 6주마다 반복적으로 몇 년씩 라이브 플러킹을 한다. 롱패딩 한 벌을 만들려면 거위 15~25마리의 털을 뽑아야 한다. 털을 뽑는 과정에서 살점이 떨어져 나오고 거위들이 비명을 지르는 장면을 찍은 영상은 큰 충격이었다. 깃털 대신 친환경 충전재를 넣어서 만든 윤리적인 패딩이 나오고 새들이 털갈이할 때 떨구는 털을 모아서 패딩을 만드는 등 동물의 권리를 지키자는 자각이 일고 있긴 하지만 여전히 겨울엔 패딩이 대세다. 나도 패딩이 있다. 이런 사실을 몰랐을 때 샀던 패딩도 있고 선물로 받은 패딩도 있다. 오래 입은 패딩은 차마 버리질 못한다. 그래서 다운을 재활용하면 좋겠다고 생각했는데 요즘 그런 제품들이 나오고 있다. 기존 의류나 침낭, 침구류 등에 충전재로 썼던 다운과 깃털을 뜨거운 물을 이용해 고온으로 살균과 세탁을 한 다음 재가공해서 패딩을 만든다. 이런 좋은 아이디어가 내 패딩과도 직접 연결되면 좋겠다. 입던 패딩을 중고 의류와 섞어 의류 폐기물로 처리할 게 아니라 패딩만 따로 수거해서 재활용되는 인프라가 구축되면 좋겠다. 뜨거운 물에 살균하고 세탁해서 제품이 나오는 걸 보면 방법이 있다는 얘기 아닌가. 동물의 고통과 맞바꾼 패딩을 오래 입어서 또 다른 동물이 고통에 빠지지 않을 방법을 패딩

추운 겨울을 이겨내려고
깃털을 한껏 부풀린 참새.

만드는 기업이 연구해야 할 것 같다. 기업이 움직이도록 하려면 중고 패딩을 수거해 가서 재활용 패딩을 만드는 인프라를 구축하도록 소비자들이 요구해야 하지 않을까?

좁아지는 하늘,
도시의 고층 빌딩 숲

6월 17일 세계 사막화 방지의 날

우리의 과한 개발이 몽골 같은 저개발 국가의

사막화 현상과 관련 있다는 사실을 안다면.

4대강 사업은 완전히 실패했다.

수많은 살아 있는 목숨들이 포크레인 삽날에 짓이겨 사라지고 말았다.

—

아무리 보잘것없는 것도 결정적인 때에 있어야 할 자리에 없으면 아쉬움을 넘어 때론 무용지물이 되기도 한다. 나사못 하나가 그렇고 고작 한 뼘도 안 되는 나무 조각이 그렇다. 지인이 간단한 사연과 함께 보여준 사진 속 삽이 그런 의미에서 꽤나 인상적이었다. 삽이지만 삽질을 할 수 없으니 삽이라 할 수가 없는 삽이다. 말장난 같지만 삽질할 때 결정적으로 힘을 줘야 하는 바로 그 부분이 빠져 삽질이 어렵게 돼버린 삽이다. 이게 무슨 뜻일까?

경북 구미시 지산동 낙동강 변에 삽이 꽂혀 있던 모래톱은 이제 흔적도 없이 사라졌다. 2008년 낙동강을 시작으로 2012년까지 우리나라에서 가장 큰 네 개 하천에 22조 원을 쏟아부은 아주 큰 삽질이 있었다. 바로 4대강 사업이었다. 가뭄과 홍수에 대비하고 생태계를 보전하겠다는 게 정부가 내놓은 이 사업의 표면적 이유였다. 애당초 반대 여론이 더 많았으나 정부가 밀어붙인 사업이었다. 이 기간 동안 어느 강이든 가본 사람은 안다. 강가에 살던 버드나무는 말할 것도 없고 강물 속에서 살아가는 목숨들이 포크레인 삽날에 짓이겨지는 모습을 보며 마치 내 가슴이 찢기는 고통을 느끼지 않을 수 없었다는 걸, 분노에 치를 떨 수밖에 없었다는 걸. 이 글을 쓰는 동안에도 내 몸 어느 구석에 저장돼 있던 고통의 기억이 되살아나 너무 힘들었다. 초록 보리밭길 사이로 누런 황톳길이 구불구불 이어지던 풍경도 포크레인 삽질에 다 으깨어져 버렸다. 모래가 흐르던 내성천 모래톱으로 내려앉던 새들은, 모래 속에 몸을 숨기고 눈만 빼꼼 내밀던 흰수마자는 모두 어디로 갔을까?

개발을 무작정 반대하는 것이 아니라 우리를 둘러싼 세계를 이해하려는 노력이 선행되어야 한다는 거다. 강을 물이 흐르는 공간으로만 인식했기에 보를 설치하고 물을 가둘 생각을 했던 게 아닐까? 강은 이용할 대상이 아니라 무수한 생명을 품고 있는 공간이고, 그 생명은 우리와 아주 밀접하게 연결돼 있다는 사실을 우리가 진심으로 이해하려고 했다면 4대강의 현주소는 어땠을까? 자연스레 흐르던 강에 16개 보를 만들면 홍수와 가뭄을 조절할 수 있을 거라고 했다. 하지만 보에 갇힌 물은 여름만 되면 악취와 함께 녹조가 창궐했고 녹조에서 마이크로시스틴이라는 독성물질이 검출되기에 이르렀다. 높은 온도에서도 사멸하지 않는 마이크로시스틴은 수돗물에서도, 그 물로 농사 지은 작물에서도 검출되고 있다는 보고가 있다.

미국 캘리포니아의 클라마스강에도 낙동강에 보가 늘어서 있는 것과 비슷하게 여러 개 댐이 있다. 이 가운데 보일댐을 비롯한 4개 댐을 2024년 8월까지 철거하려는 프로젝트가 진행 중에 있다. 전기를 생산하는 수력발전용 댐인데도 철거하려는 이유에는 심각한 녹조 문제가 있었다. 클라마스강을 중심으로 어업으로 생계를 이으며 조상 대대로 살고 있는 카룩부족의 삶은 댐 건설 이후로 황폐해졌다. 강을 따라 올라오던 연어가 크게 줄었고 수질이 악화되면서 물고기들이 폐사하는 일이 빈번해지는 등 환경에 큰 변화가 생겼기 때문이다. 수질 오염의 주원인인 녹조를 없애려 백방으로 노력했지만 댐을 철거하는 게 경제적으로나 생태적으로나 이익이라는 데 선주민들도 댐 운영사도 모두 동의했다. 미국의 댐 철거 사례가 우리에게 귀감이 되길 바란다.

대규모 토목 사업 계획이 발표될 때마다 반대 여론은 매번 묵살되었고 결과는 참담했다. 왜 같은 일이 되풀이되는 걸까? 우주 밖에서 지구를 보면 나와 강과 흰수마자는 각각 분리된 객체일까? 아니면 모두가 어우러진 하나의 행성일까? 모두가 있기에 비로소 우리가 존재할 수 있다는 사실을 우리는 자주 잊고 산다. 건설한다는 것은 그 자리에 있던 생명의 터전을 뭉개버린다는 말과 다르지 않다. 그 생명이 우구름을 뚫고 올라가는 콘크리트.
천안아산역에서 쉽게 찾아볼 수 있는 광경이다.

리 눈에 하찮고 보잘것없다 할지라도 각자 살아가는 터전이라고 생각해보면 우리는 지형지물을 변경할 때 정말 많이 숙고하고 고심해야 하지 않을까?

한번은 천안아산역에서 점심을 먹으려 역사 안에 있는 식당에 갔다. 음식이 나올 때까지 기다리며 밖을 내다보는데 창 프레임 안으로 들어온 풍경에는 고층 건물이 하늘 대부분을 가리고 있었다. 높다란 건물들 옆에서 또 건설 중인 모습에 숨이 턱 막혔다. 천안아산역에 갈 때마다 역 주변으로 빼곡한 고층 건물이 역을 압도한다는 느낌을 받는다. 짓고 또 짓고, 30년만 되면 낡았다며 부수고 또 짓자고 한다. 논밭이었던 곳은 말할 것도 없이 산도 잘라내고 갯벌도 매립하고 짓는다. 하늘이 좁아지든 말든 몇십 년을 이웃하며 살던 나무야 사라지든 말든 새 건물이 들어서면 발전이라며 열광하고 있는 우리의 모습은 얼마나 기이한가?

모이대에 매달아 놓은 우유팩 버드피더가 1년을 훌쩍 넘기고 났더니 너무 낡아서 새걸로 교체해준 적이 있다. 똑같은 우유팩으로 교체를 했는데도 이틀 정도는 참새들이 아예 근처에 얼씬도 하지 않았다. 낯선 것을 경계해야 하는 건 야생의 철칙이니 당연하다 생각하면서도 배고픔에 모이를 먹고 싶어 근처까지 호버링hovering* 을 하다가 되돌아가길 반복하는 모습을 보면서 말이 통하면 안심하라고 말하고 싶을 만큼 안타까웠다. 작은 것 하나 바뀌도 저토록 낯설어하는데 산이 잘려나가고 강 모양새가 변형되는 일은 야생에 살아가는 동물들에게 얼마나 큰 혼란일까 싶다.

전국으로 강연을 다니다 보면 창밖으로 가장 많이 보이는 풍경 두 개가 아파트와 비닐하우스다. 내가 너무 편향된 시선으로 보고 있는 건 아닌가 싶어 매번 이동할 때마다 살피는데 내 눈에 비치는 풍경은 그랬다. 한국시멘트협회가 발표한 〈2020 한국의 시멘트산업 통계〉를 보니 우리나라 연간 시멘트 소비량은 4,712만 톤으로 전 세계에서 시멘트 소비량이 9위다. 국민 1인당 소비량으로 따지면 사우디아라비아, 중국에 이어 3위다. 국토 면적 대비로 평가해보면 사우디아라비아의 국토 면적이 우리보다 21배 넓고, 중국은 우리의 96배쯤 넓다. 그러니 우리나라 시멘트 소비량은 면적 대비 세계 1위인 셈이다. 많아도 너무 많다는 그 느낌은 사실이었다. 국토가 좁으니 어쩔 수 없다고 항변하는 사람이 있을 수도 있겠다. 그것도 일견 타당한 주장이라 생각한다. 다만 정말 필요한 사람들이 살 집을 짓는지는 생각해볼 문제

* 일정한 고도를 유지한 채 공중에서 정지해 있는 상태.

다. 집을 지을 것인가를 판단하는 기준이 손익계산서에 좌우되면 안 될 것 같다. 집이 주거 공간이 아니라 투기의 대상이 돼버린 사회는 미래가 없다. 자본주의 사회에서 이윤 추구를 부정할 순 없지만 이윤만이 목적인 세상은 공동체 전체에 불행을 가져다줄 수밖에 없다. 세계에서 가장 빠른 속도로 인구절벽과 고령화 사회로 가고 있으면서도 젊은이들을 무력하게 만드는 우리 사회에 희망을 말하는 것은 기만 아닐까?

나날이 새롭게 솟아 올라가는 건물은 거저 올라가는 게 아니다. 그 건물을 유지하기 위해 필요한 에너지는 어디서 어떻게 생산이 되는지, 또 그걸 유통하고 소비하느라 배출하는 온실가스는 얼마나 많은지 알아야 하지 않을까? 우리나라 전체 온실가스 배출의 18%가 시멘트 생산과 유통 과정에서 배출된다. 우리가 열광해야 할 것은 낡은 것을 버리고 새로운 것을 취하며 내 주머니가 두둑해지는 것이 아니라 우리 행성에서 생명이 조화롭게 살아갈 유의미한 방법이어야 하지 않을까?

내어둔 물그릇에서 목욕하는 나그네새

울새 | 학명 ***Luscinia sibilans***

참새목 딱새과의 새.

5월과 10월에 한반도를 지나는 나그네새다.

목욕하는 울새.
철마다 어딘가로 이동하는 유목의 삶을
이해하는 일은 쉽지 않다.

—

요즘 읽고 있는 책에는 구술 시대에서 말을 기록하며 문자 시대로 옮겨 오는 과정과 사전이 만들어지던 시절에 관한 내용이 나온다. 문자가 없던 시대는 말할 것도 없고 사전이 없던 시대 역시 상상이 잘 되질 않는다. 알파벳은 a부터 한글은 ㄱ부터 시작하는 걸 당연하게 여기지만 이런 질서가 결코 당연하지 않았던 시기도 있었다는 생각을 책을 읽으며 비로소 해봤다. 태어날 때부터 문자가 있었기에 문자 이전의 시대를 생각조차 못 하고 살았던 탓이 아닌가 싶다. 달리 말하면 내 기준으로 세상을 본다는 의미이기도 하다. 대부분 사람이 정주하며 살다 보니 철마다 어딘가로 이동하는 유목의 삶을 이해하는 일이 쉽지 않듯이. 이동이라는 단어의 의미를 이해 못 하는 게 아니라 이동을 하면서 벌어질 수많은 변수가 정주하는 삶과 얼마나 다를지 상상하기 어렵다. 하물며 인간도 아닌 동물일 경우 상상의 폭은 빈약하기 짝이 없다. 숲 가까이 살면서 가장 크게 깨달은 것은 '내 잣대로 세상을 가늠하지 말자'였다. 가늠해서도 안 되고 할 수도 없다는 진리를 깨달은 건 삶에 큰 수확이다.

새들은 날기 위해 정말 많은 것을 포기했다. 참새 정도 크기의 새 몸무게는 대략 20g 안팎으로 알려져 있다. 이 무게를 느껴보고 싶던 차에 먹고 있던 포도로 무게를 재보았다. 참새는 겨우 포도 네 알 정도의 무게였다. 손바닥에 올려놓고 무게를 가늠해보는데 참을 수 없는 가벼움이 느껴졌다. 울새는 참새와 엇비슷한 크기와 무게를 지닌 새다. 참새는 우리나라에 1년 내내 사는 텃새지만 울새는 우리나라를 봄, 가을에 통과하는 나그네새다. 5월과 10월 무렵 남쪽이나 북쪽으로 가는 길에 우리나라에 잠깐씩 머물며 먹이도 먹고 쉬어간다. 우리가 고속도로를 달리며 목적지를 향해 가다가 필요에 따라 휴게소에 들르듯. 이럴 때 잠깐씩 만날 수 있는 새가 나그네새다.

울새는 소설에서 먼저 만났던 새다. 울새의 영문명은 Swinhoe's bushrobin(pseudorobin)이어서 외국 소설에서는 '로빈'으로도 자주 등장한다. 로빈, 즉 울새는 평화로운 풍경에 일종의 클리셰 같은 존재였다.* 그 울새가 우리나라를 통과한다는 소리를 듣자 꼭 한 번 보고 싶었다. 한번은 북서울 꿈의 숲에 탐조를 하러 갔다가 실제 보긴 했다. 함

* 영국 식민자들은 영국에서 로빈이라고 부르는 종의 이름을 아메리카로 가지고 건너갔다. 그러고는 개똥지빠귀에 그 이름(로빈, 울새)을 붙였다. 사람들은 새 환경으로 이주할 때 동식물의 이름을 재사용 또는 재활용하기도 한다. 책 《말, 바퀴, 언어》 참고(데이비드 W. 앤서니 저, 공원국 역, 에코리브르, 2015).

께 갔던 이들 가운데 누군가가 숲 바닥에 있는 울새를 발견했고 쌍안경으로 울새를 겨우 찾았다. 찾기 바빴던 터라 사실 정확한 모습은 잘 기억나질 않는다. 사람이든 동물이든 자주 봐야 특징도 알 수 있고 정도 든다.

새를 보고 그리는 지인은 작업실 밖에다 새들을 위한 물그릇을 둔다. 여름 내내 비가 잦아 물그릇에 신경을 쓰지 않다가 어느 날 비어 있는 걸 보고는 얼른 물을 채워두었더니 울새가 찾아와 물을 마시고 목욕도 하고 갔단다. 울새가 목욕하는 장면을 담은 동영상을 봤는데 마치 앵그리버드(화난 모습의 새 캐릭터) 같았다. 목욕하느라 깃털이 물에 젖어 그렇게 된 건데 그 모습도 귀엽고 예쁘다. 울새가 목욕을 하다가 잠시 멈출 때 볼록볼록 숨 쉬는 배가 보였다. 숨결이 내게 그대로 전해지는 것 같았다.

작디작은 새가 대륙을 넘나든다는 사실은 여전히 믿기지 않는다. 누구나 미래를 예측할 수 없지만 이동하며 살아가는 새에겐 특히나 예측불허의 삶이 상존한다. 새가 먼 곳을 오갈 때 지표로 삼는 요소 가운데 지형지물이 있다. 그래서 서식지를 함부로 변형하는 일은 이동하는 새들에게 혼란을 초래할 수 있다. 역지사지의 마음이 간절한 시대다. 울새처럼 나그네로 잠깐씩 만나는 새들을 보면 모든 곳의 환경이 그저 편히 쉬고, 먹이를 먹을 수 있고, 목을 축일 수 있는 환경이길 기원하게 된다. 기류 역시 새들이 이동하는 데 중요한 변수다. 바람조차 이동하는 새들의 편이길 바란다. 새는 내게 훌륭한 환경 책이다. 그 존재들을 통해 생태계가 온전해야 생명이 살 수 있다는 걸 매번 배운다.

알알이 열매가 가득한 밤송이.

감나무 단풍이 아름다운 가을

뜨거운 볕과 시원한 바람이 빚은 가을,
도토리는 숲에 사는 이들에게 양보하는 가을,
까치밥 열리는 감나무에 아름다운 단풍잎이 피는 가을,
겨우내 먹을 양식을 챙기며 겨울을 맞이하는 가을이다.

참나무 숲은 누가 만드나?

다람쥐 | 학명 ***Eutamias sibiricus***

다람쥐과에 속하는 동물. 겨울철엔 나무 구멍이나 땅굴에서 동면한다.

먹이를 저장하는 습성이 있다.

다람쥐가 겨우내 먹으려고
숨겨두었다가
까먹은 도토리는
훗날 뿌리를 내리고
싹을 올리며 큰 참나무가 된다.

—

숲에 나무는 누가 심을까? 자연스럽게 자라는 거지 누가 심느냐 할지 모르지만 꼭 그렇지만은 않다. 도토리처럼 굵은 열매는 땅속 적당한 깊이에 묻혀야 싹이 트고 참나무로 자랄 수 있다. 호모 사피엔스가 지구상에 등장한 지가 20만 년 정도라고 하는데 그보다 훨씬 전부터 지구에는 식물과 동물이 공진화를 거듭하면서 지구 환경을 가꿔왔다. 다람쥐나 어치 같은 동물들은 도토리가 떨어지기 시작하면 모아서 자기가 기억할 수 있는 장소에 숨겨놓는다. 겨우내 꺼내 먹을 식량을 저장하며 겨울을 준비하는 건데, 도토리를 가져가 땅에 숨기는 동물들의 이런 행동은 참나무 입장에서도 좋다. 나무 아래로 떨어진 도토리가 설령 싹을 틔운다고 해도 큰 나무 아래서 다른 나무가 제대로 자라긴 쉽지 않으니 가능하면 멀리 떨어지는 게 자손을 퍼뜨리기에도 유리하다.

어치나 다람쥐처럼 도토리를 숨기는 동물이 있는가 하면, 까마귀, 딱따구리, 동고비, 곤줄박이처럼 남이 숨겨둔 열매를 찾아 먹는 동물도 있다. 적당히 꺼내 먹는 것도 또한 참나무 입장에서는 좋은 일이다. 한곳에서 나무가 너무 많이 자라면 공간이 빽빽해져 빛을 제대로 받을 수 없고 결국 어느 것도 제대로 자랄 수 없기 때문이다. 한번은 가을에 어치가 도토리를 숨기는 모습을 봤다. 어치는 내가 보고 있는 걸 알아채고는 도토리를 그곳에 숨기는 척하다 말고 다른 곳에 숨겼다. 꺼내 먹을 때도 누군가가 보고 있다면 엉뚱한 곳을 뒤지는 시늉을 한다. 까마귀과에 속한 어치는 지렁이처럼 상하기 쉬워 빨리 먹어야 하는 먹이, 도토리처럼 장기 저장이 가능한 먹이의 특징까지 기억한다고 한다. 손톱만 한 크기의 두뇌로 빠른 판단을 내리고 효율적으로 정보를 처리하는 어치를 보며 인간을 두고 '만물의 영장'이라 일컫는 게 부끄러웠다. 숨겨놓은 도토리를 동물이 다 기억하기란 불가능

여섯 종류의 도토리.
새들은 부리의 모양에 따라 각기 다른 모양의 도토리를 먹는다고 한다.

하니 잊히는 바람에 용케 살아남은 도토리는 적당한 깊이에 묻혀 있다가 안정적으로 뿌리를 내리고 싹을 올리며 큰 참나무가 된다. 그리고 어치와 다람쥐는 도토리를 잘 묻어준 수고의 대가를 가을에 도토리로 되돌려받는다.

도토리가 열리는 나무를 통칭해서 참나무라 하는데 정확히는 참나무과 참나무속에 속하는 나무로 상수리, 굴참, 떡갈, 신갈, 갈참, 졸참나무가 우리나라에 자생한다. 북아메리카가 원산지인 대왕참나무와 루브라참나무를 가로수로 조림하는 모습을 더러 보는데 이 나무들 역시 참나무속에 속한다. 북반구에서 가장 많은 나무가 참나무이고 종류는 대략 600여 종이나 된다. 재미있는 사실은 참나무속 학명이 쿠에르쿠스Quercus인데 라틴어로 '진짜', '참'이라는 뜻이란 거다. 우리가 참나무라 부르는 것과 같은 의미를 갖고 있다. 그만큼 인류에게 요긴한 나무라는 의미 아닐까? 참나무 종류마다 나무의 특성이 다를 테지만 호밋자루 같은 소소한 일상 도구부터 가구며 바닥재, 선박재, 수레바퀴, 펄프, 술통, 표고버섯을 키우는 골목(버섯나무) 등 참나무는 다양하게 쓰인다. 참나무 가운데 떡갈나무의 잎은 커서 떡을 싸는 용도로 쓰였고 굴참나무의 두툼한 껍질은 코르크가 발달해서 병뚜껑을 만드는 재료로, 강원도의 너와집 지붕으로 쓰였다. 이렇게 목재로 쓰임새가 많은 나무이지만 참나무에서 가장 사랑받는 건 열매, 그러니까 구황작물로 쓰이던 도토리가 아닐까?

가을 산은 낙엽 마르는 냄새가 좋다. 투둑투둑 도토리 떨어지는 소리가 들리면 진짜 가을이다. 숲길을 걷다 보면 도토리가 이따금 머리 위로 떨어져 꿀밤을 맞을 때도 있다. 얼마나 기막힌 인연이면 내 머리 위로 떨어질까 싶어 머리를 문지르다가 웃음이 터진다. 숲길에 도토리가 떨어져 있으면 제발 사람 눈에 띄지 말고 동물 눈에만 띄라는 염원을 담아서 숲 안쪽으로 던진다. 겨우내 산짐승, 날짐승 들이 배곯지 않았으면 하는 바람을 안고 던진다. 도토리묵이 비싼 음식도 아닌데 좋아하면 사서 먹으면 될 일을 도시의 숲에 떨어지는 도토리마저 쓸어 담으려는 그 마음을 도저히 이해할 수가 없다. 오죽하면 구청에서 도토리를 주워 가지 말라고 펼침막을 군데군데 붙여놓기까지 했을까. 가을에 모교에 방문했다가 '도토리 수호대'라는 펼침막을 발견하고 반가웠다. 도토리 저금통을 캠퍼스 곳곳에 마련해두고 도토리를 주워 가는 시민들에게 '도토리를 숲에 사는 동물들에게 돌려주자'는 취지의 캠페인을 벌이고 있었다. 더딘 것 같아도 조금씩 우리는 나아가고 있는 거 맞다.

숲 바닥에서 작은 구멍이 뚫린 도토리를 발견하고 껍질을 벗겨 봤더니 그 안에 작은 개미들이 우글거렸다. 크기가 1mm정도 되는 도토리개미는 도토리에 뚫린 구멍을 통해 들어가 군집을 이루며 살아간다. 작은 도토리 한 알에 개미들의 세계가 있다니. 나락 한 알 속 우주를 이야기한 장일순 선생의 말을 도토리에서 발견했다고나 할까. 구멍은 아마도 도토리거위벌레나 도토리밤바구미가 뚫어놓았을 확률이 높다. 아직 늦더위가 남은 8월에 숲에 가면 길에 도토리가 달린 나뭇가지가 잔뜩 떨어진 모습을 볼 수 있다. 누군가가 톱질을 해서 가지를 자른 것 같아 온갖 상상을 하게 되는데 알고 보면 도토리거위벌레의 소행이다. 덜 익은 도토리에 알을 낳고는 가지를 잘라 아래로 떨어뜨리는데, 알에서 부화한 애벌레는 땅속으로 들어가 월동을 하고 이듬해 밖으로 나온다.

도토리거위벌레 발생이 많아져 참나무 피해가 커진다는 뉴스가 자주 등장한다. 매서운 추위도 생태계의 균형을 유지하는 데 중요한 변수인데 최근에는 겨울에도 기온이 낮아지질 않으니 땅속에서 월동하는 애벌레 숫자가 줄지 않는다. 해마다 더 많은 곤충이 발생해서 나무가 몸살을 앓으니 방제하느라 더 많은 살충제를 뿌리는 악순환이 반복된다. 참나무가 제대로 성장을 못 하면 도토리 수가 줄고 야생동물의 식량이 부족해진다. 거기에 사람들까지 도토리를 가져가니 생태계의 균형은 깨지지 않을 도리가 없다. 멧돼지며 고라니가 농작물을 해친다며 유해 조수라고 잡아들이기 전에 동물들의 먹이는 제대로 확보가 되고 있는지 그것부터 살펴야 하지 않을까?

시인 이정록은 시 〈참나무〉에서 참나무의 단단한 성질이 도구의 손잡이가 되어 사람과 세상을 이어준다고 노래했다. 땀 흘려 일하는 나무의 열매가 돌아가야 할 곳으로 잘 돌아가길 바라는 가을이다.

곤충, 지구에서 가장 많이 살고 있는 동물종

점박이긴다리풍뎅이 | 학명 ***Hoplia aureola***

딱정벌레목 검정풍뎅이과의 곤충.

제주도를 포함한 우리나라 전역에 서식한다.

손가락 한 마디 안에
쏙 들어오는 작은 곤충,
점박이긴다리풍뎅이.

—

우연히 멋진 사진을 한 장 발견했다. 손가락 한 마디 안에 쏙 들어오는 곤충 사진이었다. 작은 크기에 비해 이름은 제법 긴 점박이긴다리풍뎅이로 딱정벌레목 검정풍뎅이과에 속한다. 이름처럼 겉날개에 점박이 무늬가 있고 다리가 길다. 벌레 공포증이 있는 사람도 더러 있는데 다행히도 나는 곤충을 무척 좋아한다.

지구에서 가장 많이 살고 있는 동물종은 곤충으로 전체 동물의 75~80%가 곤충이라고 추정하고 있다. 그래서 지구를 곤충의 행성이라고도 한다. 수가 많으니 다양성도 풍부하다. 하늘소처럼 큰 곤충도 있지만 표고버섯을 먹고 사는 가는테버섯벌레처럼 고작 3mm밖에 안 되는 곤충도 있다. 식성도 다양하다. 식물의 잎, 줄기, 뿌리를 갉아 먹는 채식 곤충이 있는가 하면 곤충이나 작은 무척추동물을 잡아먹는 포식자 곤충도 있다. 모두가 지구 생태계의 균형을 조절하니 귀한 존재들이다.

곤충은 수분 매개자, 분해자로도 지구 생태계에서 중요한 역할을 한다. 이꽃 저꽃 옮겨 다니며 수분을 도와 식물이 번식하도록 돕는 역할을 하고 죽은 식물과 동물을 분해해서 생태계로 되돌리는 역할도 한다. 만약 분해자 역할을 하는 곤충이 없었다면 지구는 이미 생물의 사체로 가득 차서 생태계 기능이 오래전에 멈췄을지도 모른다. 우리보다 지구에 먼저 살기 시작한 곤충 덕분에 화려한 꽃도 볼 수 있고 맛있는 과일도 곡식도 열리게 되었고 우리의 지구살이도 가능할 수 있었다. 곤충의 은혜가 하늘 같다고 할까?

곤충 중에서도 가장 많은 건 딱정벌레목이다. 그래서 어떤 이는 지구를 두고 '딱정벌레 왕국'이라는 표현을 쓰기도 한다. 우리 집은 숲 가까이에 있다 보니 여름 저녁이면 이따금 풍뎅이가 들어와 붕붕거리며 전등에 부딪히곤 한다. 아마도 불빛을 따라 들어오는 것 같은데 제법 몸집이 큰 녀석이 들어오는 그곳이 어딘지 도무지 알 도리가 없다. 풍뎅이가 들어오면 벌레 포획용 비닐봉지로 잡느라 한바탕 소동이 벌어진다. 마침내 생포를 하게 되면 내보내기 전에 잠시 들여다본다. 삼지창 모양의 더듬이도 귀엽고 겉날개의 초록빛 광택도 아름답다. 풍뎅이류의 겉날개는 대체로 검은색 또는 초록색 광택이 나거나 무지갯빛 광택이 난다. 이렇게 되면 오히려 눈에 잘 띄어서 천적으로부터 위험하지 않을까 싶은데 오히려 위장 효과가 있다고 한다. 영국 브리스

톨대 연구자들이 과학저널 〈커런트 바이올로지Current Biology〉에 발표한 논문에 따르면 동남아 비단벌레의 겉날개를 이용한 실험을 진행한 결과 무지갯빛 광택이 그렇지 않은 색깔에 견줘 새와 사람의 눈에 덜 띄는 것으로 나타났다고 한다. 100년 전 미국의 애버트 핸더슨 테이어가 이미 동물의 무지갯빛 색깔이 위장 효과를 낸다고 주장했는데 그 가설을 실험으로 입증한 셈이다. 곤충들이 주로 서식하는 숲은 복잡한 환경이어서 새든 사람이든 무지갯빛 물체를 포착하기가 힘들다고 한다. 꽤 오래전 제주에서 한 곤충 전시관에 들른 적이 있는데 그곳에는 무지갯빛 화려한 색을 활용한 전시물이 굉장히 많았다. 온갖 종류의 딱정벌레 겉껍질을 모아서 모자이크 모양의 작품(?)을 만들어 전시해놓기도 했다. 그곳은 전시관이 아니라 딱정벌레 무덤이라는 생각이 들었다. 그런 곳인 줄 전혀 모르고 들렀다가 후회하며 나왔다. 화려한 전시물을 만드느라 얼마나 많은 딱정벌레를 잡아들였을지 생각하니 분노가 치밀었다. 딱정벌레 겉날개의 화려함은 위장하기 위함이었는데 그 화려함 때문에 그토록 많은 딱정벌레가 목숨을 잃다니. 이런 아이러니가 있을까 싶다.

곤충은 알로 태어나서 여러 차례 탈바꿈을 한다. 알에서 깨어나 애벌레가 될 무렵이면 겨울눈에서 잎눈이 벌어지며 여린 싹이 나온다. 딱 이 무렵에 맞춰 새도 알에서 깨어난다. 어미 새는 아기 새를 키우기 위해 부지런히 애벌레를 물어다 나른다. 톱니바퀴처럼 맞물려 돌아갈 경우 생태계는 균형이 잘 잡힌다.

새가 1년에 먹어 치우는 곤충의 무게는 인류가 1년에 소비하는 육류 소비량과 맞먹는다. 거미가 먹어 치우는 곤충의 무게는 인류가 1년에 소비하는 육류 소비량에 수산물 소비량까지 합한 양이다. 만약 새가 줄어들어 애벌레가 창궐하면 어떤 일이 벌어질까? 봄에 새순이 막 나기 시작할 무렵이었는데 나뭇잎이 다 갉아 먹히고 잎맥만 남아 망사 천처럼 돼버린 나무를 본 적이 있다. 아무리 애벌레가 어린잎을 좋아한다고는 해도 그 정도일 줄이야. 겨울에도 기온이 많이 내려가질 않아 나무에서 월동하는 곤충의 수가 줄지 않는다. 그럼 애벌레가 많아져 어린잎이 초토화되면서 나무는 광합성 공장을 잃고 생존이 불가능해진다. 만약 애벌레가 왕창 줄어든다면? 새는 먹이 공급이 부족해져 역시 새의 생존 또한 매우 불투명해진다. 그러니 세상에 나쁜 곤충도 없고 나쁜 새도 없다. 살충제 없어도 생태계는 잘 유지되어 왔다. 다만 인간의 과도한 개입이 균형을 깨뜨렸을 뿐이다.

등에는 잡아먹히지 않으려고 벌의 노랑 검정 줄무늬를 의태하고 새똥거미는 새똥 모양의 모습으로 의태하면서 새들의 시선을 따돌린다. 심리전을 활용했다기보다는 진화 과정에서 얻어걸렸다는 게 맞는 표현일 테다. 먹고 먹히는 관계가 팽팽할 때 생태계는 건강하게 유지된다. 벌레 특히 꿈틀거리는 애벌레를 과도하게 혐오하는 일은 해마다 아파트며 공원의 수목 소독을 정당화시킨다. 뿌려댄 살충제는 사라지는 게 아니라 우리의 주변 환경 어딘가에 잔류할 수밖에 없다. 비가 내리지 않고 가물 경우 바람에 날려 우리 몸으로 되돌아올 수도 있다. 지금은 어긋났던 자연의 질서를 되돌리기 위한 지혜가 필요한 때가 아닌가 한다.

까치밥이 열리는 아낌없이 주는 나무

감나무 | 학명 ***Diospyros kaki***

감나무과에 속하는 낙엽성 교목.

5~6월에 개화하고 9~10월에 수확한다.

빨강, 주황, 노랑, 초록….
여러 색이 한데 어우러지는
감나무 단풍은
단풍 가운데
최고다.

—

철길에서 할머니 댁으로 이어지던 길에는 아름드리 감나무가 가로수로 서 있었다. 길 왼쪽은 밭 사이로 집이 몇 채 있었고 길 오른쪽으로 감나무가 서 있었는데 감나무를 경계로 땅이 툭 끊어지며 어린아이 키를 훌쩍 넘을 정도로 땅이 내려앉은 곳에 논이 있었다. 겨울에 그 논에서 스케이트를 타려면 한참을 기다시피 내려가곤 했다. 감나무 뿌리가 드러나 그걸 붙잡고 내려갔던 적도 있다. 할머니 댁에서 집으로 돌아오는 길은 주로 밤이었는데 가로등도 없던 때라 칠흑 같은 어둠 속을 아버지의 손전등에 의지해 걸었다. 한번은 추석이었는지 달빛이 훤히 밝은 날이었다. 감나무는 밤길에 까만 형체로 서 있었는데, 바람이 불자 잔가지가 구불거리며 바람에 흔들렸다. 마치 바닥에서 그림자놀이를 하듯 재현되는 모습이 너무 을씨년스러웠다. 논으로 떨어지지 않도록 경계를 분명히 해주는 표지석 같은 감나무였는데 이리저리 휘청이니 얼마나 불안했을까. 술 취한 누군가가 그 아래로 굴러 떨어졌다거나 오토바이가 논에 처박혔다는 어른들 대화를 엿들었던 터였다.

두려움에 마음을 온통 점령당한 채로 바닥을 보며 정신없이 걷다가 어디쯤 왔는지 고갤 들면 환한 보름달이 머리 위에 있었다. 한참을 걸어도 달은 여전히 머리 위에 있어서 아버지께 여쭤봤다. 왜 달이 따라오냐고. 뭐라고 답하셨는지는 기억에 없다. 교사였던 아버지께서는 아마도 과학적인 답을 하지 않으셨을까 싶다. 어른이 되어 에릭 칼의 《아빠, 달님을 따주세요》라는 그림책을 읽을 때 그날의 일이 떠올랐다. 책 속의 아이는 예쁜 달을 갖고 싶어 했다. 어떤 상황에서 달을 만나느냐에 따라 같은 달이 이렇게 달라질 수 있다니. 숲 가까이 이사를 오고 나서 처음 만났던 보름달은 깜깜한 어둠 속에서 말갛게 밝았다. 비로소 달님을 따달라는 그 아이 마음을 이해할 수 있었다. 그리고 나는 두려움으로 만났던 달님과 화해를 했던 것 같다.

감나무는 줄기가 회갈색인 데다 표면이 조각조각 갈라져서 한눈에 알아볼 수 있는 나무다. 낯선 동네에서 감나무를 보면 고향 사람 만난 듯 정겹다. 할머니 댁 가는 길가에 서 있던 감나무가 내게 이런 정서를 남겨준 게 아닐까 싶다. 많은 나무가 그렇듯이 감나무도 버릴 게 없다. 감잎차, 감식초, 감말랭이, 홍시, 곶감 그리고 먹감나무로 만든 가구며 도구들까지 감나무의 쓰임새는 무척 많다. 지금처럼 수입 과일이 흔하지 않던 과거에는 대표적인 겨울 과일이 사과, 귤 그리고 감이었다. 특히 감은 다양한 저장법으로 겨울 동안 요긴한 간식거리였다. 딱딱한 감을 그대로 두면 저절로 익어 맛난 홍시가 되고, 껍질을 벗겨 말리면 곶감이 된다. 벗긴 껍질은 떡을 할 때 넣어서 먹었다. 홍시가 되기 전에 깨지거나 상품성이 떨어지는 감은 모아서 발효시켜 감식초를 만들었다. 그리고 감나무는 목재로도 쓰임을 다하니 아낌없이 주는 나무가 바로 감나무다.

여기에 하나 더 추가하고 싶은 게 감나무 단풍이다. 감나무 단풍의 아름다움을 아는 사람을 만나면 이미 마음이 반쯤 통한 듯 반갑다. 은행나무처럼 노랗든가 단풍나무처럼 빨갛든가 이런 선명한 입장을 정하지 않고 감나무 단풍은 다 끌어안는다. 빨강, 주황, 노랑 빛을 뽐내는 것은 물론, 상처가 났거나 벌레에 먹힌 부분은 초록 잎인 채로 어우러진 감나무 단풍은 단풍 가운데 최고다. 잎은 두껍고 왁스층이 발달해서 약간의 광택이 나는 데다 알록달록하니 표구해서 두고 보고 싶은 욕심이 일 때도

아낌없이 주는 감나무가
다 내어주고
남은 건 꼭지뿐.

있다. 감나무에서 유일하게 쓸모없는 것이라면 감꼭지 정도가 아닐지. 어느 학교에 강연을 하러 갔다가 운동장가에 떨어진 감꼭지를 봤다. 자연으로 돌아가는 중인 감꼭지는 곁에 있던 감나무의 새잎이 될 수도 조금 멀리 떨어진 목련나무꽃이 될 수도 있겠다.

감나무를 좋아하는 또 하나의 이유는 까치밥이 열리는 나무이기 때문이다. 가을에 감나무 잎이 다 지고 나면 가지에 꽃처럼 달린 주홍 감이 눈길을 끈다. 사람도 먹고 새도 먹자며 남겨두는 감은 겨우내 얼고 녹기를 반복하며 당도가 더해질 테고 주린 날짐승들에게 요긴했을 것이다. 같이 살아가는 식구라 여기지 않았다면 애당초 까치밥을 어떻게 생각할 수 있었을까? 크게 풍족한 삶이 아니어도 이런 여유를 실천하며 살았을 옛사람들의 격이 느껴진다.

감은 언제나 풍년일 줄 알았다. 깎아서 매달아 놓기만 하면 곶감은 절로 되는 줄 알았다. 그런데 기후가 변하면서 감 농사에도 문제가 생겼다. 일찍 기온이 오르니 꽃도 일찍 피었다가 갑작스레 기온이 떨어지면서 냉해를 입는 과수가 많아지고 있다. 감나무도 예외가 아니다. 어느 해에는 이르게 핀 감꽃이 냉해로 다 떨어져 그해 가을에 감을 하나도 수확하지 못한 지역도 있다. 장마가 54일이나 되도록 길어지기도 하다가 마른장마여서 아예 가뭄이 드는 일이 반복되기도 한다. 난데없이 11월에 내린 겨울비로 곶감에 곰팡이가 생겨 농사가 엉망이 되는 일이 잦아지고 있다. 우리나라의 겨울은 쌀쌀하고 습도가 낮아 곶감을 만들기 안성맞춤인 기후였다. 겨울이 따뜻해지면서 이 조건을 충족시키는 날이 줄어드니 곶감 맛을 아는 마지막 세대가 멀지 않을 수도 있겠다 싶다.

할머니 댁으로 가는 길가 감나무에 감이 열리는 계절이면 분명 까치며 직박구리며 잔뜩 모여들었을 텐데 어떻게 그 당시에는 새소리 한번을 들어본 기억이 없는지 아쉽다. 아는 만큼 세상은 보이고 들린다. 이제 할머니 댁 가는 길에 서 있던 감나무도 길도 그리고 할머니 댁도 할머니도 모두 사라졌다. 세상에 변하지 않는 건 없지만 너무 빨리 변하느라 우리 삶이 허덕이는 건 안타까움을 넘어 공동체의 불행이 아닐 수 없다. 농사를 망친 농가에 보상해주는 일도 중요하고 재해보험에 가입하는 일도 필요하지만 근원적인 해법은 역시나 탄소를 줄이는 일, 소박한 삶으로의 회귀다. 탄소발자국 찍으며 실어 온 수입 과일 대신 우리 땅에서 나는 감이 식탁에 오르는 일도 소박한 삶으로의 회귀가 아닐지.

씨앗을 지키는 사람들

콩 | 학명 ***Glycine max***

메주를 만드는 데 쓰는 노란콩은 메주콩, 백태, 대두라고 부르기도 한다.

밥에 많이 넣어 먹는 검정콩은 서리태다.

콩을 수북이 담은 '되'.
제로 웨이스트의 원조 아닐까?

—

삶이 힘들 때 장터에 가보라고 한다. 북적이는 장터를 가로지르는 생생한 기운을 느끼고 나면 살아갈 힘이 생긴다. 강연 일정으로 순천에 며칠 머무르는 동안 웃장 장날이 있었다. 순천에는 전통시장이 네 개 있는데 그 가운데 아랫장과 웃장이 있다. '웃장'이란 말을 듣자마자 '웃자'가 떠올라 입가에 미소가 그려졌다. 듣자마자 장기기억으로 각인될 만큼 재미난 이름이다. 마침 근처 도서관에서 보고 싶은 전시도 있어 겸사겸사 웃장에 들렀다. 웃장은 국밥으로 유명하지만 고기를 안 먹는 내겐 언감생심, 해서 재미나게 구경만 하던 중 눈에 들어온 건 콩이 담긴 붉은 고무 대야였다. 정확히는 대야 가운데에 콩을 수북이 담은 '되'였다. 시골 촌로가 직접 농사지은 메주콩을 장바닥에서 펼쳐놓고 파는 풍경도 오랜만인데 되를 보니 더 반가웠다. 가까이 가니 쪼글쪼글 주름진 손이 반갑게 맞아준다. 콩을 들고 다닐 형편이 아닌지라 한 되에 얼만지는 차마 묻지 못했다. 다만 양해를 구하고 사진을 한 장 찍었다. 플라스틱 쓰레기 문제가 세계적인 이슈가 되면서 제로 웨이스트라는 말이 우리 사회에 등장한 지 좀 됐는데, 제로 웨이스트의 원조가 말하자면 '되' 아닌가. 곡식을 팔 때는 나무로 만든 되(또는 말), 살 때면 담아 갈 자루 하나로 충분하던 시절이 있었다. 편리한 삶으로 가자며 포장재가 등장했고 이제 그 편리가 우리를 위협하고 있다.

메주를 쑤고 간장, 된장을 담가 먹는 문화에서 사 먹는 문화로 바뀌면서 콩 농사도 자연스레 줄었다. 우리나라는 콩 자급률(사료용 포함)이 6.6%로(2021년 기준) 세계에서 콩을 여섯 번째로 많이 수입하는 나라다. 슈퍼 푸드 리스트에 오르거나 셀럽이 먹는다고 해서 수입이 급증한 렌틸콩, 병아리콩은 어른, 아이 할 것 없이 많이들 안다. 그렇지만 서리태를 아는 사람은 얼마나 될까? 곡식 가운데 콩은 팥과 함께 우리나라가 원산지다. 우리 조상들이 콩 재배의 주역인 셈이다. 콩은 중국 만주 지방과 한반도가 원산지로 한반도에서 콩을 재배하기 시작한 것은 대략 3천 년 전이라고 한다. 청동기 시대를 전후해서 여러 유적지에서 탄화 콩이 출토됨으로써 한반도 원산지설을 입증하고 있다. 콩의 기원식물을 돌콩으로 보고 있는데 콩의 종주국답게 우리는 많은 종류의 토종 콩을 보유하고 있다. 콩 이름을 가만 들여다보면 문화가 보인다. 껍질 무늬와 모양에 따라 아주까리콩, 선비잡이콩, 쥐눈이콩, 밤콩 등이 있고 장단콩이나 부석태, 정선콩처럼 지명이 들어간 콩도 있다. 파종기나 재배 시기에 따라 올콩, 유월두, 서리태가 있는데 이 가운데 속이 녹색이고 알이 굵은 검정콩인 서리태가 밥에 많이 넣어 먹는 콩이다. 서리를 맞은 뒤에 수확한다고 해서 서리태라 부른다. 우리는 우리 콩 이름을 몇 개나 알고 있을까? 콩이 계속 존재해야 이런 정겨운 이름도 남아 있을 텐데.

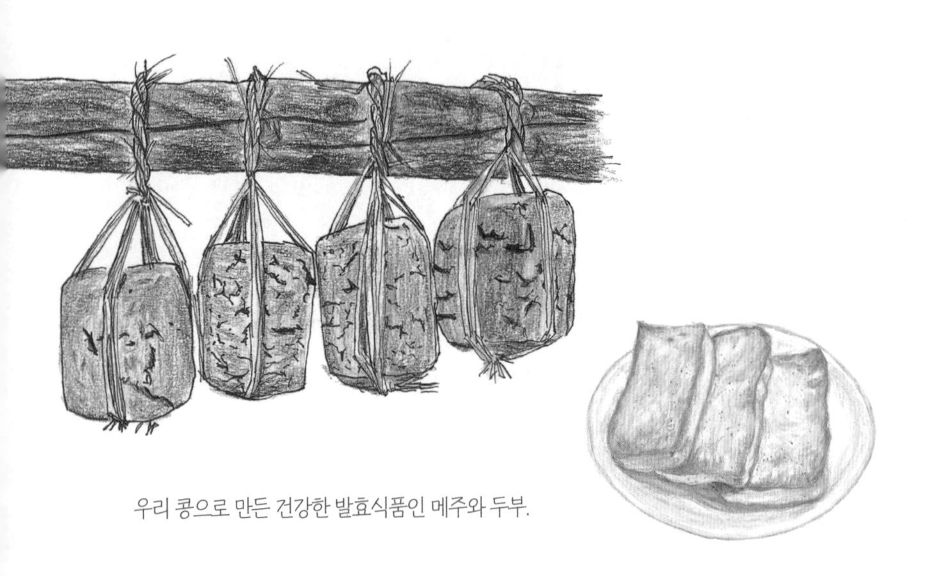

우리 콩으로 만든 건강한 발효식품인 메주와 두부.

잊을 때가 많지만 콩도 씨앗이다. 북 콘서트를 하러 간 순천시의 작은 책방 '심다'에서 《엄니 씨가시》라는 책을 선물로 받았다. 씨가시는 씨앗의 지역어다. 《엄니 씨가시》는 순천의 시민기록활동가들이 순천시, 토종씨드림과 함께 순천 전역에 토종 씨앗을 보존하고 있는 시민들을 찾아가 그들의 삶과 씨앗 이야기를 채록해 담아낸 토종 씨앗

기록집이다. 기록집을 읽다 보면 씨앗의 보유 기간이 나오는데 '대물림'이라는 표현이 많다. 씨앗을 귀히 여겼을 그 마음이 대물림이란 글자에서 느껴진다.

씨앗 하면 바빌로프 연구소 이야기를 하지 않을 수 없다. 제2차 세계대전 당시 독일의 소련 침공으로 레닌그라드(현 상트페테르부르크)는 치열한 공방전을 벌이며 혹독한 겨울을 보내야 했다. 독일군이 900일 동안 이 지역을 포위하면서 식량은 바닥이 났고 아사자 수는 100만 명이 넘을 정도였다. 포위된 이 지역에는 바빌로프 연구소가 있는데 이곳에는 세계 각지에서 수집해온 씨앗이 보관돼 있었다. 전쟁 와중에도 연구소에는 50여 명의 과학자들이 남아서 씨앗을 지켰다. 과학자들은 추운 겨울 내내 헌 가구를 부숴 그 땔감으로 불을 피우며 씨감자가 얼지 않도록 노력했다. 자신들의 굶주림을 해결하겠다고 씨앗에 손을 대는 사람은 없었다. 결국 31명이 아사하면서도 보관된 씨앗을 그대로 지켰다. 바빌로프 연구소에는 현재 38만 종 이상의 식물 씨앗이 보관돼 있다. 전 세계 오지까지 찾아다니며 씨앗을 모았던 바빌로프의 이름을 딴 연구소에 걸맞은 숭고함이라 하지 않을 수 없다.

인간을 포함한 수많은 동물의 먹이가 식물이고 식물의 90% 이상은 씨앗으로 번식하는 종자식물이다. 씨앗이 중요한 이유가 여기에 있다. 여섯 번째 멸종을 이야기하면서 종자 보관의 필요성을 느낀 인류는 2008년 노르웨이령 스발바르제도의 스피츠베르겐섬에 국제종자저장고를 만들었다. 북극점으로부터 1,300km 떨어진 북위 78도에 위치한 종자저장고는 영구동토층 지역에 위치하고 있어서 씨앗을 보관하기에 맞춤한 곳이다. 지진이나 화산 등 자연재해의 위험으로부터도 안전한 곳으로 알려져 있다. 북극권이라 애초에 기온이 낮은 지역이지만 저장고에 냉동시설을 가동하고 세계 각국에서 보내온 107만 종의 씨앗을 저장, 보관하고 있다(2022년 12월 기준). 목표 보관 종자는 450만 종이라 한다. 그만큼 씨앗이 인류 생존에 절실하기 때문이다. 최근 지구온난화가 가속화되면서 영구동토층이 해빙되는 속도가 빠르게 진행 중이다. 2016년에는 지하에 있는 이 저장고 중 한 곳의 입구 터널이 해빙수에 침수되는 일이 벌어지기도 했다. 북극권은 지구에서도 가장 빠르게 온난화가 진행 중이며 북극권 중에서도 저장고가 위치한 스발바르제도 일대의 기온이 가장 빠르게 상승한다는 조사 결과가 나오고 있다. 인류의 재난을 대비해 마련한 종자저장고마저 위협에 직면했다는 소식은 크게 우려스럽다.

농사를 짓고 채종을 하며 씨앗이 대를 이어오던 시대가 이제 씨앗을 사다 농사를 짓는 시대로 전환하면서 종자 주권에 대한 우려도 크다. 현재 전 세계 종자, 비료, 농약 시장의 80%를 몬산토, 코르테바, 켐차이나, 바스프 이렇게 네 개 기업이 독점하고 있다. 우리의 먹을거리를 지키는 첫걸음은 우리의 먹을거리를 누가 독점하는지 종자를 누가 소유하는지 아는 것이다. 씨앗은 생존이 걸린 문제다. 기후가 날로 요동을 치며 농사를 짓는 일이 힘들어질수록 식량 문제는 안보와 직결되는 문제일 수밖에 없다. 종류가 같은 콩도 지역에 따라 재배 현황이 조금씩 다르다. 지역의 미기후에 적응한 종자가 있다는 얘기다. 그러니 기후위기 시대에 토종 종자를 지키는 이들과 연대하는 일 또한 식량 주권을 지키는 일이라 생각한다.

이제는 사라진 소똥구리와 육식의 관계

소똥구리 | 학명 ***Gymnopleurus* (*Gymnopleurus*) *mopsus***

몸은 약 1.3cm 크기로 편편한 타원형이다.
검은색이고 뿔이 없으며 머리는 부채처럼 퍼진 모양이다.
쇠똥, 말똥 따위를 분해한다.

데굴데굴 똥을 굴리는 소똥구리가
우리나라에서는
사실상 멸종한 것으로 보고 있다.

—

소똥구리 50마리를 가져오는 사람에게 5천 만 원을 주겠다는 공고가 뜬 적이 있다. 2017년에 환경부가 낸 공고인데 이미 우리 땅에서 멸종된 소똥구리를 복원시키기 위해 몽골에서 소똥구리를 데려올 업체를 구하는 공고였다. 소똥구리는 이름대로 소똥을 굴리는 딱정벌레목 소똥구리과 곤충이다.

소가 똥을 누면 소똥 한 덩이에 수백 마리 소똥구리가 날아와서는 소똥을 경단처럼 만들어 뒷발로 굴리며 가져간다. 소똥구리는 소똥 경단 안에 알을 낳고 이를 땅속에 묻는다. 경단 속에서 알은 애벌레로 부화한 뒤 소똥을 먹으며 자라고 성충인 소똥구리가 된다. 소똥구리가 똥 경단을 굴리는 행위를 설명하면 이렇게 간단한데 여기에는 많은 이야기가 숨어 있다. 소똥구리가 똥 경단을 굴려 가져가니 소똥에 파리 등이 꼬일 시간이 줄어든다. 혹시 모를 감염병을 옮길 확률 또한 줄어든다는 소리다. 똥 경단을 땅속에 넣는 것은 풀씨를 심는 일과 다르지 않다. 소가 풀을 뜯어 먹을 때 풀에 붙어 있던 풀씨도 당연히 섭취했을 텐데 대개 씨앗은 소화가 되지 않고 배출된다. 그렇게 위 속을 거쳐 나온 씨앗의 발아율이 높다는 건 알려진 사실이다. 그런 씨앗을 소똥구리가 땅속으로 넣어주니 싹이 트기에 아주 좋은 조건이 된다. 소똥구리 성충이나 애벌레가 소똥을 먹고 난 뒤 누는 똥은 분해가 되어 토양을 기름지게 한다. 작은 소똥구리가 생태계에 미치는 영향이 지대하다.

7, 80년대를 거치면서 국내에서 똥을 굴리는 소똥구리 소식을 더 이상 들을 수 없게 되었다. 가축 방목이 줄고 자연스레 목초지도 감소했기 때문이라고 흔히들 이야기하는데 사실 소똥구리에게는 날개가 있어 축사에 똥을 눠도 멀리서 소똥 냄새를 맡고 날아온다. 문제는 소의 먹이가 풀에서 사료로 바뀌면서 소똥구리가 먹을 똥이 사라졌다는 데 있다. 항생제가 들어가는 사료를 먹여 소를 키우기 시작하던 시기와 소똥구리가 사라진 시기는 절묘하게 겹친다. 가장 큰 왕소똥구리 크기가 20~33mm이고 소똥구리는 대략 10mm정도다. 소량의 항생제도 크기가 작은 생물에게는 치명적일 수 있다. 그렇다면 왜 풀을 먹이던 소에게 항생제가 들어간 사료를 먹이게 됐을까? 대량으로 고기를 생산하려면 상품성을 갖춘 가축을 '대량'으로 길러야 한다. 단일 품종의 가축을 한 공간에 잔뜩 모아놨으니 언제든 바이러스의 온상이 될 확률이 높고 그러니 항생제로 예방할 수밖에 없다. 일정한 양의 사

료를 얼마간 먹였을 때 몇 kg의 고기(라는 제품)를 생산할 수 있을지 예측할 수 있는 시스템이 공장식 축산이다. 가령 돼지라면 종돈장에서 태어나 3주가 되면 젖을 떼고 비육 농장으로 옮겨진다. 그곳에서 살을 찌운 뒤 6~7개월이 되면 도축장으로 보내져 고기가 된다. 이런 시스템의 변화가 소똥구리를 이 땅에서 더 이상 볼 수 없게 만들었다.

햄버거와 커피.
모두 소똥구리의 멸종과 관련이 있다.

동방유량의 '해표 식용유'가
콩기름의 대명사이던 시절이 있었다.

1971년에 동방유량이 우리나라 최초로 콩기름을 직접 짤 수 있는 대단위 식용유 생산 설비를 갖췄다. 1979년에는 제일제당이 식용유 사업에 합류하면서 식용유 산업은 경쟁 체제가 되었고 우리 식생활에 식용유가 넉넉해지면서 만두며 돈가스 같은 튀김 요리가 밥상의 문화를 바꾸었다. 돈가스는 햄이나 소시지와 마찬가지로 돼지고기를 활용한 식재료였다. 같은 해에 최초의 햄버거 프랜차이즈인 롯데리아가 문을 열었고 뒤이어 치킨 프랜차이즈 업체가 등장한다. 육류와 콩기름 소비가 우리 식탁을 기름지게 하기 시작한 시점과 소똥구리가 사라진 시점이 맞물린다.

브라질은 1960년대부터 대두를 수출하기 시작했다. 현재 브라질, 미국, 아르헨티나, 파라과이가 전 세계 대두 수출 시장에서 선두를 달리고 있다. 아마존을 비롯해 동남아시아와 아프리카의 열대우림이 지속적으로 사라지고 있는 현상과 육식과의 관계는 많이 알고 있다. 하지만 그 관계 사이에 식물성 기름이 있다는 사실은 팜유 말고는 잘 알려지지 않았다. 1961년 이후 1인당 식물성 기름과 육류 섭취는 두 배 증가했다. 60년 새 두 배 증가면 너무 적은 게 아닌가 싶지만 세계 평균값이다. 하루 한 끼 해결이 어려운 인류까지 포함한 숫자라는 얘기다. 우리나라 통계를 보면 육류 18.9배, 우유 및 유제품 19배, 식용유는 51.5배 증가했다. 세계 평균을 9~25배 초과하는 양이다. 콩에서 이 많은 식용유를 짜고 남은 대두박이 가축의 사료로 쓰인다. 이런 이유로 전 세계 대두 수확량의 77%가 고기가 될 가축의 사료로 쓰이고 식용유로 쓰이는 건 13.2%에 불과하다. 식물성 기름 소비가 늘어날수록 대두박이 증가할 테고 대두박으로 더 많은 사료를 생산하고 더 많은 가축이 길러지는 눈덩이 효과가 나타난다.

유엔식량농업기구가 발표한 전 세계 토지 이용을 보면 인간이 이용 가능한 육지의 절반을 농지로 사용하고 있다. 참고로 우리 인류가 살고 있는 도시와 인프라는 이용 가능한 육지의 단 1%이다. 그러니 농지가 얼마나 넓은지 상상해보라. 80억 인구를 먹여 살리기 위해서는 농지가 넓어야 할 거라 막연히 생각할 수 있지만 농지의 3분의 2는 고기나 유제품을 얻기 위해 가축용 목초지나 사료를 재배하는 땅으로 쓰인다. 인류가 먹을 곡물 재배에는 전체 농지의 3분의 1만 있으면 된다. 더 억울한 건 이토록 넓은 땅을 차지하면서 얻은 육류와 유제품이 인류에게 공급하는 열량은 고작 18%밖에 안 된다는 사실이다. 농지의 3분의 1에 해당하는 땅에서 생산한 곡물을 비롯한 식물성 식품이 무려 82%의 칼로리를 공급하고 있다. 우리가 육류와 유제품을 먹는 일이 얼마나 비효율적인지 이 통계가 알려준다.

2022년 5월 한 달 동안 아마존 열대우림에서 2,287건의 화재가 발생했다. 가뭄과 건조한 날씨가 계속되면서 화재 발생이 전년 대비 22% 증가했다고 하는데 가뭄과 건조는 단순한 기상현상이 아니라 숲 파괴와 관련이 깊다. 아마존의 숲이 파괴되는 주요한 이유에는 농경지와 목초지 확보 그리고 금광 개발 등이 있다. 만약 잘사는 나라 사람들이 육류와 유제품 소비를 절반 혹은 3분의 1만 줄여도 얼마나 많은 열대우림이 사라지는 걸 막을 수 있을까?

자연은 소똥 해결사인 소똥구리까지 다 갖춘 순환 시스템을 완비해놓고 있었다. 그 시스템을 걷어찬 걸 개개인의 육식 습관으로만 한정시켜 비난하고 싶지 않다. 우리가 눈치채기도 전에 육류의 대량생산이 진행되었고 식용유가 우리 생활 깊숙이 들어와 버렸다. 육류의 대량생산 시스템에 변화가 필요해 보인다. 온실가스 배출에도 육식이 끼치는 영향이 지대하다. 우리가 무엇을 먹을 것인가를 결정하는 일이 세상을 바꾼다. 10월 1일은 세계 채식인의 날이다.

소리 없이 땅을 일구는 농부

줄지렁이 | 학명 ***Eisenia fetida***

빈모강에 속하는 환형동물의 총칭. 흙 속, 호수, 하천, 동굴 등에 분포하며,
바다에서 사는 것도 있다. 10월 21일은 세계 지렁이의 날이다.

지렁이 분변토.
지렁이가 유기물을 먹으면서
배설하는 분변토는
토양을 비옥하게 만든다.

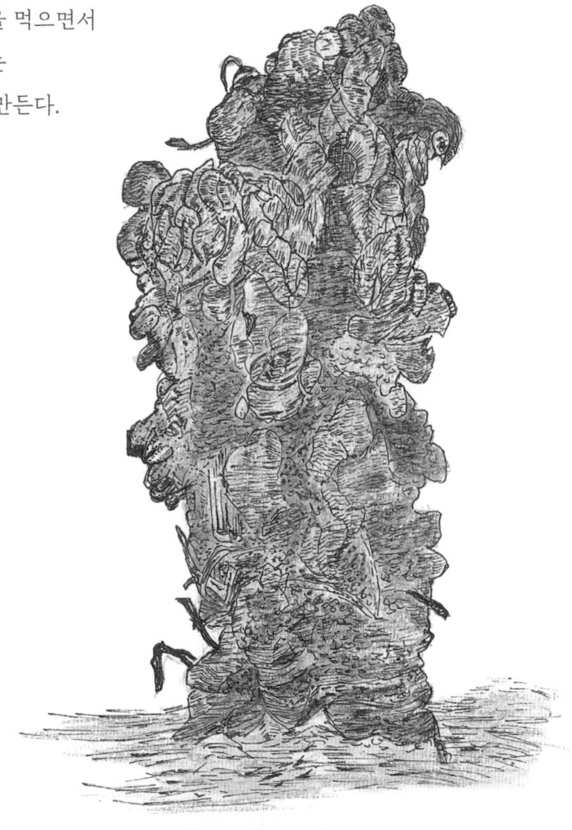

—

아스팔트보다 흙이 주변에 더 많았던 어린 시절엔 비가 오면 지렁이가 땅 위로 올라오곤 했다. 그땐 지렁이가 징그럽다는 생각뿐이었다. 짓궂은 남자아이들이 발로 짓이겨 터져버린 지렁이를 보면 여자아이들은 소리를 지르며 도망가곤 했다. 지렁이에 관해 아는 게 전무했기에 싫어하고 두려워했던 거니까 무지가 빚은 안타까운 일이다. 그러니 어떤 판단 이전에 제대로 알고자 노력해야 하는 게 맞다. 다윈 하면 진화론에만 초점이 맞춰져 있지만 사실 다윈은 30년 가까운 기간 동안 지렁이를 연구했던 인물이기도 하다. 다윈은 지렁이가 생태계에서 얼마나 귀한 동물인지를 관찰을 통해 밝혔다. 다윈이 지렁이에 관한 연구를 묶어 펴낸 책이 《지렁이의 활동과 분변토 형성》이다. 이 책을 펴낸 첫해에 6천 부가 팔리면서 그의 대표작인 《종의 기원》보다 더 많이 팔리는 기록을 세웠다. 2016년 영국 지렁이협회는 다윈의 이 책이 출판된 날인 10월 21일을 '세계 지렁이의 날'로 정했다. 지렁이가 생태계에서 중요한 지위를 차지하고 있으면서도 낮게 평가되고 있기에 인식을 개선하고자 만든 기념일이다. 만약 우리가 한 가지 판단이나 생각에 사로잡히지 않고 대상을 여러 각도에서 알려고 한다면 우리가 인지하는 세상은 훨씬 넓어지고 입체적으로 변화할 것이다.

집에 지렁이 사육 상자가 있다고 하면 다소 당혹스런 표정을 짓는 사람들이 꽤 있다. 그 마음 너무나 잘 이해하는 게 나도 처음부터 지렁이를 좋아했던 건 아니기 때문이다. 꽤 오래전 일이다. 기르던 화분이 시들시들하길래 여름 내내 아파트 화단에 내놓았다가 찬바람이 불어 화분을 들여놨는데 자꾸 집 안에서 '징그러운' 지렁이가 보였다. 혹시나 싶어 화분 흙을 열어보니 흙 속에 지렁이가 잔뜩 엉켜 있었다. 꽃삽을 들고 있는 손이 달달 떨릴 만큼 놀랐고 당황했다. 생각 끝에 화분을 통째 밖에 내놓고는 다시 찾지 않았다. 긴 생명체가 꿈틀거리며

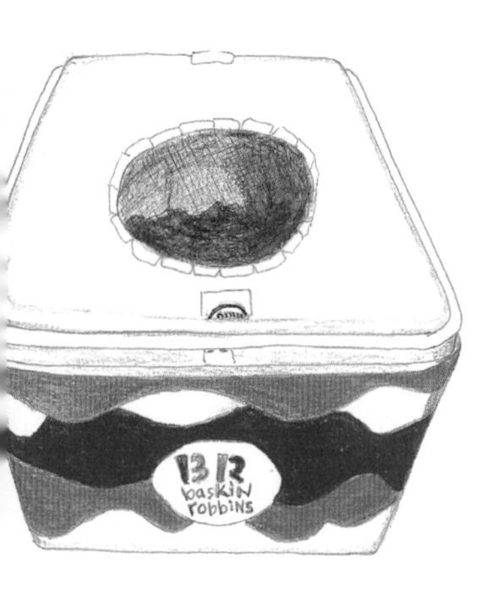

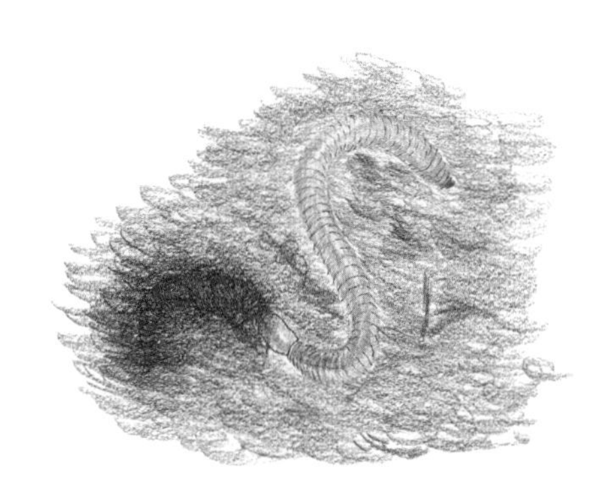

아이스크림 상자로
지렁이 사육 상자를 만들었다.

기어가는 모습을 좋아하는 사람은 많지 않을 거다. 그런데 이렇게 징그럽게 느껴지던 지렁이가 지구 생태계에 더없이 소중한 생물이라는 것을 우연한 기회에 알게 되었다. 지금은 지렁이가 전혀 징그럽지 않다. 앎이 감정에 이런 변화를 줄 수 있다는 사실이 조금 놀랍기도 하다. 하루 종일 흙 밟을 일이 없는 요즘 사람들이 흙은 고사하고 흙 속 지렁이조차 관심이 없는 건 당연한 일이다. 그렇지만 먹을거리의 대부분의 생산지인 흙과 그 흙을 비옥하게 하는 지렁이에 관심을 가져보는 것은 나를 둘러싼 세상을 더 깊이 이해하는 계기가 될 수 있다.

지렁이를 일러 '소리 없이 땅을 일구는 농부'라고 하는 데는 근거가 있다. 지렁이는 땅속을 돌아다니면서 작은 터널을 만드는데, 이를 통해 공기가 땅속으로 유입되고 토양이 느슨해지며 물이 잘 빠지는 구조가 만들어져 홍수와 토양 침식을 방지하는 효과가 있다. 또 지렁이가 유기물을 먹으면서 배설하는 분변토는 토양을 비옥하게 만든다. 과일 껍질에 딸려 갔던 단호박 씨앗은 우리 집 지렁이 상자 안에서 싹을 틔웠고 고구마 조각도 싹이 한 뼘이나 자라 따로 화분으로 옮겨 심어 화초처럼 한동안 키웠다. 뭐든 잘 키워내는 지렁이 사육 상자 속 흙은 마치 초코케이크처럼 검고 촉촉하다. 세계에서 가장 비옥한 토양이라고 하는 우크라이나의 체르노젬이 이럴까 궁금할 때가 있다. 종종 지렁이 상자에서 나온 흙을 집에 있는 다른 화분에 보충해주는데 흙을 받은 화분에서 지렁이가 물받이로 곧잘 미끄러져 내려오곤 한다. 그러면 다시 지렁이 상자에 넣어준다. 지렁이 알이 흙 속에 섞여 화분으로 딸려 갔거나 지렁이가 흙과 함께 옮겨 갔을 거다. 지렁이 말고도 우리 집 화분에는 민달팽이도 살고 화분 주위로 거미도 산다. 나름의 움벨트*를 형성하면서 지낸다. 그중 민달팽이는 보리수 낙엽을 갉아 먹고 산다. 비가 오거나 습도가 높을 때 이따금 모습을 드러내고 평소에는 낙엽 아래 있는지 보이질 않는다.

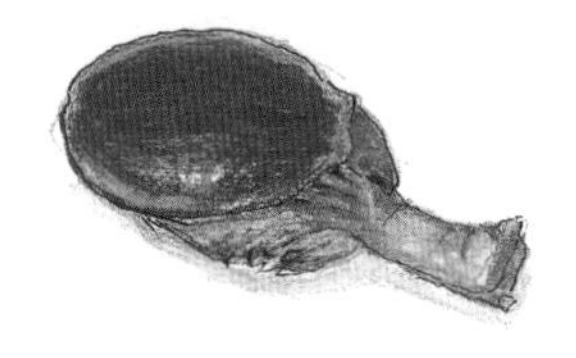

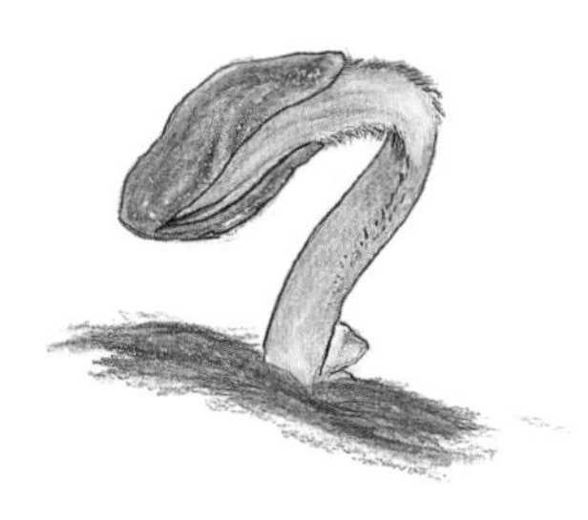

단호박 씨앗이 지렁이 상자 안에서 싹을 틔웠다.
비옥한 지렁이 분변토 덕분이다.

처음 키울 때는 지렁이 생태를 잘 몰라서 추운 겨울에 보온도 하지 않은 사육 상자를 뒷 베란다에 뒀다가 지렁이가 모두 죽고 말았다. 한동안 엄두를 못 내다가 다시 지렁이를 조금 분양받아서 키우고 있

* 에스토니아 출신 생리학자 야콥 폰 웩스퀼이 만든 용어로 동물이 경험하는 주변 세계.

다. 지렁이 사육 상자가 하나에서 두 개로 늘었지만 지렁이 수는 전혀 모른다. 먹이를 주려고 흙을 뒤적거리면 후다닥 흙 속으로 파고드는 지렁이를 보는 걸로 잘 있다는 걸 확인할 뿐이다. 사육 상자 하나는 투명해서 옆면을 보면 지렁이가 파놓은 굴을 볼 수 있는데 지렁이 굴이 산소를 공급하고 홍수를 막을 수 있다는 걸 눈으로 확인한다. 주로 과일 껍질을 주고 하루에 한두 번 분무해준다. 겨울은 건조해서 자주 분무해줘야 한다. 지렁이를 키우다 보니 지렁이가 단맛을 좋아하는 걸 알게 됐다. 멜론 껍질을 넣어주면 겉에 있는 그물만 남기고 모조리 먹어 치운다. 한번은 망고를 선물받았는데 씨 부분에 과육이 많이 붙어 있어 통째로 넣어줬더니 결국 씨앗만 깨끗하게 남았다. 씨앗을 그대로 두니 벌어지면서 안쪽에 있는 진짜 씨앗이 나왔는데 계속 두고 볼 생각이다. 감을 넣어줘도 꼭지 부분만 남고, 사과나 참외 껍질은 먹고 비닐 같은 얇은 왁스층만 남긴다. 결국 이것도 사라지긴 하지만. 사육 상자의 맨 위에는 망고 씨앗, 감꼭지, 멜론 그물이 덮여 있는데 언젠간 분해될 거라서 그대로 둔다. 과일만 주면 흙이 산성화되니까 이따금 중화시키기 위해 달걀 껍데기를 빻아서 넣어줘야 한다. 집에서 나오는 음식물 쓰레기를 지렁이가 온전히 처리하려면 사육 상자가 굉장히 커야 한다. 그러려면 아파트 차원에서 사육 상자를 마련하면 좋은데 지렁이에게 호감을 갖기까지 진입 장벽이 높아 이야기할 엄두가 안 난다.

민들레 옆 지렁이 분변토. 지렁이를 키우니 이런 것도 보인다.

지렁이를 분양받아 온 때가 초겨울이었다. 추위로 지렁이를 한 번 잃은 경험이 있던 터라 큰아이하고 둘만 아는 비밀로 하고 사육 상자를 만들어 안방 구석진 곳에 뒀다. 우리는 지렁이 상자를 집에 들여 놓은 숲 한 조각이라고 이야기한다. 지렁이 먹이를 넣어주려고 뚜껑을 열면 숲에서 나는 향기가 난다. 물을 분무하면 숲 향기는 훨씬 진해진다. 향긋한 흙냄새는 지오스민이라는 물질 때문인데 흙 속에 사는 미생물인 방선균이 이 물질을 만든다. 지렁이 사육 상자는 방선균이 활발하게 활동하는 건강한 생태계라 이따금 넣어준 과일에서 곰팡이가 피기도 하는데 여전히 숲 향이 난다. 흔히 썩는다고 하면 악취를 떠올리기 쉽지만 분해가 되어 자연으로 돌아가는 과정이 향긋할 수 있다는 게 정말 신기하다.

춘천에 강의를 하러 갔다가 보도블록 사이에 자라고 있는 민들레 옆에 분변토가 쌓여 있는 걸 봤다. 발밑에 지렁이가 살고 있다고 생각하니 가슴이 설레었다. 이 글을 읽는 어느 독자라도 지렁이 사육 상자에 도전해보면 좋겠다는 바람을 가져본다. 아이스박스 뚜껑에 동그랗게 구멍을 내고 양파망을 덧대어서 공기가 잘 통하도록 만들면 상자 준비는 끝이다. 화원에 가면 화학 처리를 하지 않은 흙을 판다. 지렁이에 관심을 갖게 되면 토양에 관심을 갖게 되고 흙을 오염시키지 않는 방법을 찾게 되고 일상에도 변화가 일기 시작할 것이다.

널리 퍼트리고 꽃피우기 위한 씨앗의 전략

이질풀 | 학명 ***Geranium thunbergii***

쌍떡잎식물 쥐손이풀목 쥐손이풀과의 여러해살이풀.

노관초라고도 한다.

이질풀 씨방.
씨앗이 여물면 꼬투리가 터지고
안에 있던
씨앗이 튕겨 나간다.

—

어느 해 봄 꽃봉오리가 몇 개 달린 팬지 화분이 하나 생겼다. 관리사무소에서 아파트를 조경하고 남은 화분을 큰아이가 얻어 온 건데 꽃봉오리가 달린 꽃대 하나가 조금 꺾여 있었다. 꽃대가 반듯해지도록 투명 테이프로 살짝 감싸줬다. 과연 그 꽃봉오리가 꽃을 피울 수 있을까 싶었는데 다음 날 꽃이 활짝 피었다. 만 하루도 안 걸려 만개한 게 신기해서 아이는 타임랩스를 설치하고는 밤사이 꽃이 피는 과정을 영상에 담았다. 화초는 대개 정물 같은 느낌이다. 꽃이 피거나 새잎이 나기 전에는 미동도 안 하는 것 같은데 밤사이 찍힌 영상 속 화초들은 활발하게 움직이고 있었다. 팬지 꽃봉오리가 벌어지는 장면뿐만 아니라 옆에 있던 보리수나무 잎, 그 옆에 있는 트리안 가는 줄기도 모두 이리저리 춤을 추듯 정신없이 움직이고 있었다. 아직 이른 봄이라 창을 꼭꼭 닫고 잤으니 바람이 들어올 데도 없는데 마치 바람에 흔들리는 것 같았다. 영상을 확인하면서 아이와 나는 연신 감탄했다. 카메라에 찍힌 화초들이 너나없이 움직이고 있는 걸 보면서 우리의 시간과 속도가 다를 뿐 식물들도 활발하게 움직이며 살아간다는 걸 확인했다. 그뿐만 아니라 식물은 뿌리와 가지를 뻗으며 움직이고 영역을 확장해나간다. 그리고 씨앗, 씨앗이야말로 얼마나 멀리 갈 수 있는가.

가을은 서서 보면 코스모스, 구절초로 들판이 아름다운 계절이고 자세를 낮추고 보면 그 틈바구니에서 앙증맞은 풀꽃들이 진 자리에 다양한 모양의 씨앗을 만나기 좋은 때다. 풀꽃들 가운데 예쁜 꽃과 어울리지 않는 '이질'이라는 생뚱맞은 이름을 가진 풀이 있다. 이질풀은 이질을 치료하는 지사제로 한방에서 쓰이는 풀이다. 의학이 발달하지 않았던 시절이었으니 예쁜 이름보다는 실용적인 정보가 더 중요했을 법하다. 여름내 분홍 꽃을 피우던 자리가 가을이면 씨앗을 품고 있는 꼬투리로 근사하게 변한다. 씨앗이 여물면서 꼬투리가 터지면 안에 있던 씨앗이 튕겨 나간다. 씨앗이 완전히 튕겨 나가지 않고 아직 꼬투리에 붙어 있는 모습이 내 눈에는 화려한 샹들리에 같다. 풀숲에 샹들리에가 군데군데 놓여 있는 듯 어여쁘다. 여문 꼬투리가 벌어지는 힘에 씨앗이 멀리 튕겨 나가는 것도 식물이 자손을 퍼뜨리는 전략이다. 여름밤 손톱에 물을 들일 때 쓰던 봉숭아도 여문 꼬투리를 건드리면 꼬투리가 바깥으로 말리면서 씨앗이 튕겨 나간다. 같은 봉선화과인 물봉선은 꽃말이 "Don't touch me"다. 누군가 건드리면 꼬투리가 바깥으로 말리며 씨앗이 튕겨 나가는 게 식물이 원하는 바다. 그런데 건들지 말라니? 이 꽃말은 어쩐지 심술쟁이가 붙인 것 같다.

우리는 주로 꽃의 화려함에만 관심을 갖곤 하는데 꽃이 진 자리를 살펴봐도 볼 게 풍성하다. 여름 내내 시원한 그늘을 드리워주는 데다 아름다운 꽃까지 선사해주는 등나무는 콩과 식물로 가을이면 콩깍지를 닮은 꼬투리가 주렁주렁 열린다. 여문 꼬투리가 비틀리면서 벌어지는 모습을 관찰해보면 식물이 스스로 씨앗을 멀리 퍼트리고자 하는 노력이 가상하게 느껴진다. 단풍나무나 소나무는 씨앗에 날개를 붙여서 바람에 실어 보내고 도꼬마리나 엉겅퀴는 동물의 몸에 무임승차해서 씨앗을 멀리 퍼트리기도 한다.

이른 봄 천마산에서 다양한 야생화를 만난 뒤로 풀꽃의 소소한 아름다움이 좋아졌다. 다양한 종류의 제비꽃이 있다는 걸 알게 된 뒤로는 도시에서도 어렵지 않게 만나는 제비꽃에 부쩍 관심을 갖게 되었다. 이른 봄 양지바른 풀밭에 옹기종기 모여 피는 제비꽃에게 봄소식을 전해 듣는 날은 내 삶을 좀 더 검박하고 단순하게 살아야겠단 다짐을 하게 된다. 제비꽃은 도시 보도블록 틈바구니에서도 아파트 화단에서도 어렵지 않게 만날 수 있다. 그야말로 우리의 산과 들 어디든 지천으로 피고 지는 꽃이 제비꽃이다. 칙칙한 도시에 제비꽃 한 포기는 큰 위로가 된다. 꽃자루 끝에 달린 꽃송이가 제비처럼 날렵하다고 해서 제비꽃이란 이름이 붙었다 한다. 오랑캐꽃, 병아리꽃, 앉은뱅이

꽃 같은 별명도 많이 갖고 있다. 별칭마다 사연이 있는데 오랑캐꽃은 조선 시대에 겨울이 지나고 이 꽃이 피는 봄이면 북쪽의 오랑캐들이 쳐들어왔다고 해서 붙여진 이름이라고 한다. 민중의 수난사를 간직한 꽃이라고 생각하면 애잔하다. 한 포기에서 올라오는 크고 작은 꽃대에는 곧 필 꽃, 이미 핀 꽃, 시든 꽃까지 다양한 모습의 꽃이 있다.

제비꽃 씨방.
개미를 유인해 씨앗을 퍼트리는 생존 전략이 놀랍지 않은가?

제비꽃이 옹기종기 모여서 피는 건 제비꽃 씨를 가져가는 개미들 작품이다. 제비꽃에는 엘라이오솜이라고 하는 젤리 상태의 지방 덩어리가 붙어 있다. 엘라이오솜은 개미 유충에게 풍부한 영양을 주기 때문에 개미를 유인하기에 좋은 미끼다. 개미는 제비꽃 씨앗을 개미굴로 가져가서는 엘라이오솜만 떼어내고 제비꽃 씨는 굴 밖으로 던져버린다. 제비꽃 씨를 던져버린 개미굴 밖은 개미들이 내다 버린 배설물을 비롯해서 각종 유기물이 풍부하기 때문에 씨앗이 싹을 틔우기에 적절한 장소다. 이런 이유로 개미집 주위에 제비꽃이 유독 많다. 제비꽃은 개미와의 공생을 활용하는 것 말고도 씨앗이 여물면서 벌어진 꼬투리가 수축하는 힘에 의해서도 씨앗이 멀리 퍼진다.

씨앗을 퍼뜨리는 식물의 전략을 보면 타임랩스로 봤던 정신없이 움직이던 나뭇잎들의 전략은 뭘까 궁금하다. 아마도 빛을 받으려 잎이 이리저리 움직이는 건 아닐지. 모르는 게 많을수록 알고 싶은 것도 많아진다. 땅 위 제비꽃과 땅속 개미 사이의 공생 관계를 알아가다 보면 흔한 제비꽃조차 토양이 건강해야 볼 수 있다는 사실을 확인한다. 겨울에 눈이 온다는 예보만 있어도 길 위에 염화칼슘이 허옇게 뿌려진다. 그렇게 흩뿌린 염화칼슘은 결국 어디로 갈까? 친환경 제설제도 나오는 것 같은데 우리 동네 염화칼슘은 환경에 해를 끼치는지 아닌지, 필요 이상으로 오남용되고 있는 건 아닌지 깐깐하게 살필 필요가 있겠다. 제비꽃을 내년에도 보고 싶다면 말이다.

새만금 간척 사업과 신공항 개발, 그리고 갯벌의 죽음

좀도요 | 학명 ***Calidris ruficollis***

도요목 도요과의 조류. 몸길이는 약 15cm 내외이다.
무리 생활을 하며 습지, 간척지, 하구 삼각주 등지에 서식한다.

수라갯벌로 가는 길에 발견한 좀도요 사체.
차마 색을 입히지 못했다.

—

드라마의 힘은 셌다. 2022년 폭발적인 인기를 끌던 드라마 〈이상한 변호사 우영우〉 한 편으로 느닷없이 고래와 팽나무가 소환되었다. 드라마 촬영지였던 경남 창원시 동부마을에는 팽나무를 보려는 사람들의 발길이 잦아졌다. 사람들의 관심이 높아지는 것은 긍정적인 일일까? 여느 때 같았으면 한여름 그늘을 드리운 정자나무 아래에서 마을 사람들은 더위를 식혔을 것이다. 하지만 드라마 방영 후 동부마을 팽나무는 한창 그늘을 드리워야 할 7월 말부터 낙엽이 지더니 보름 만에 잎이 10%가량 떨어졌다.

팽나무 주위에는 허리춤까지 자란 풀들이 있었다. 그런데 팽나무를 보러 오는 사람들이 증가하자 창원시가 나무 주변의 풀을 말끔히 베어버렸다. 거기다 하루에도 수천 명씩 찾아와 나무 주변을 밟으니 답압에 땅이 단단하게 굳었다. 땅이 굳으면 비가 땅속으로 스며들기가 어려워진다. 나무의 원뿌리는 나무를 지탱하는 역할을 하고 굵은 뿌리에서 뻗어 나온 연한 잔뿌리가 물과 양분을 흡수한다. 이 잔뿌리가 뻗어가는 범위는 위로 나뭇가지가 뻗은 범위보다도 1.5~3배가

량 넓다. 20~30cm 정도 깊이의 땅속에서 잔뿌리는 양분과 수분을 가장 왕성하게 흡수한다. 나무 주변에 있던 풀은 뙤약볕에도 수분의 증발을 막아주는데, 흙을 덮고 있던 풀이 사라지고 땅은 딱딱해지니 나무는 목이 말라 잎을 떨구었을 것으로 전문가들은 추정하고 있다. 팽나무를 보려고 찾아온 사람들이 나무 가까이에서 편히 관람하도록 배려한 것이 나무에게는 치명적인 일이 되고 말았다. 개발을 하면서 오래된 나무를 남겨둔다고 해도 주변 땅을 고르게 만든다고 흙을 덮어버리거나 나무 주위를 아스팔트로 덮어버리면 나무는 결국 고사하고 만다. 오랜 시간을 살아온 힘이 있어서 노거수는 죽음도 서서히 맞이한다. 나이가 많은 나무가 자연사했다고 생각하지만 무지해서 벌어진 안타까운 일이다.

동부마을 팽나무보다 백 살이 더 많은 하제마을 팽나무 할머니를 만나기 위해 군산을 찾았다. 건물을 무너뜨릴 정도로 위력이 강력한 태풍 힌남노가 한반도를 강타할 거라는 뉴스가 한창이던 2022년 가을이었다. 달마다 첫 주말은 새만금시민생태조사단이 새만금 일대 갯벌에서 생태조사를 진행한다. 몇 번이나 계획했다가도 번번이 다른 일이 겹쳐 못 갔던 곳인데 이번엔 태풍이 훼방을 놓는다. 마음에 잠시 갈등이 없진 않았지만 일단 내친걸음, 남하를 결정했다.

하제마을에 가는 길에 수라갯벌에 들렀다. 수라갯벌은 현재 새만금 신공항 예정지인 남수라마을 근처 갯벌과 연안습지를 이르는 말이다. 전라북도 군산시, 김제시, 부안군 앞바다를 연결하는 방조제를 쌓아 그 안에 간척지와 호수를 만드는 새만금 간척 사업은 1991년에 시작해서 2010년에 완공된 거대한 토목 공사다. 이 공사를 하느라 총 사업비로 22.2조 원의 국민 세금이 들어갔다. 방조제를 쌓아서 여의도 면적의 140배나 되는 면적의 바다를 막았는데 인위적으로 막아놓은 방조제 때문에 갯벌은 죽어갔고 많은 포구와 마을이 사라졌다.

수라갯벌로 가는 길에 물총새를 봤다. 농수로에 물총새 한 마리가 물고기를 낚으려는 건지 세월을 낚으려는 건지 미동도 안 하고 오도카니 앉아 있었다. 가까이에서 보니 터키색과 프러시안블루 빛깔 깃털이 선명했다. 물총새의 현란한 색깔에 빠져 있는데 새만금시민생태조사단 오동필 단장이 꺅도요사촌을 발견했다. 좀체 만나기 어려운 새라는데 놀랍게도 무려 두 마리나 있었다. 꺅도요사촌은 우리가 그들을 충분히 관찰할 수 있도록 곁을 내줬다. 그때 일행 중 누군가가 길에 떨어진 새를 발견해서 들고 왔다. 좀도요 사체였는데 깨끗했고 온기도 조금 남아 있었다. 좀도요의 죽음이 갯벌의 죽음 때문일까 마음이 쓰였다. 수라갯벌 근처 옥녀봉에는 수만 마리 민물가마우지가 열매처럼 내려앉아 있었다. 아침인 데다 흐린 날이어서인지 아직 먹이터로 이동하지 않은 채 나뭇가지에 앉아 있는 모습이 장관이었다. 그런데 민물가마우지가 먹이터를 오가는 길에 새만금 신공항이 생길 예정이란다. 가뜩이나 새가 비행기와 부딪치는 버드스트라이크로 위험한데 왜 하필 이동 경로에 공항을 새로 짓겠다는 건지. 갯벌과 숲과 새가 어우러진 풍경 속에 이물감 드는 건물이 눈에 들어왔다. 비행기 격납고처럼 생겼는데 미군 탄약고라고 한다. 평화롭고 고요하던 마음에 파문 하나가 일렁였다. 미군 기지를 지나 팽나무 할머니가 계신 하제마을에 도착했다.

하제마을
팽나무의 낙엽.
인간의 무지가 나무를 아프게 한다.

하제마을 초입부터 부드러운 초록빛이 드러나기 시작했다. 우듬지가 보이다가 나무 전체가 한눈에 들어왔을 때 속으로 '할머니' 하고 나직이 불러보았다. 경기도 양평 용문사에 있는 1,100년 넘은 은행나무를 만나고부터 나는 노거수를 보면 할머니라고 불렀다. 백 살도 많은데 천 살이라니? 천 살 하고도 백 살이 또 붙은 그 나무를 그냥 은행나무라 부를 수는 없다는 공손함의 표현이었다.

동부마을과 달리 하제마을에는 주민이 떠나고 없다. 수많은 일이 벌어지고 수습되고 갈등과 반목이 다 힘을 잃고 사라졌을 그 자리에, 또다시 평화를 침해하는 일이 꿈틀대는 그 자리에 팽나무 할머니가 외롭게 있었다. 오랜 시간 한자리에 붙박여 흩어졌다 모이는 시공간의 수많은 이야기가 팽나무 할머니의 나이테 한 줄 한 줄에 다 새겨져 있을 것만 같다. 할머니의 이야기가 듣고 싶어 둘레에 떨군 낙엽을 모아봤다. 할머니가 품고 있을 이야기들이 손바닥에 소복하게 모였다. 신공항이 들어선다면 팽나무 할머니가 어떻게 될지 생각하지 않기로 했다. 부디 그 많은 이야기와 앞으로 더해질 이야기에 신공항만은 없길 바란다.

수라갯벌의 물과 뭍이 만나는 경계에 청둥오리, 고방오리, 혹부리오리가 부지런히 먹이를 먹거나 부리를 날개 속에 묻은 채 쉬고 있는 풍경이 평화다. 환경에 영향을 끼치더라도 꼭 필요한 시설이라면 어쩔 수 없다고 백번 양보해본다. 그러나 새만금 신공항 예정지의 지척에는 군산공항이 있고 1시간 반 거리에는 광주공항과 무안국제공항이 있다. 심지어 이 세 공항은 만성 적자에 시달리고 있다. 프랑스 하원은 기차로 2시간 반 이내 거리의 국내선 항공을 중단하는 법안을 통과시켰다. 고래와 팽나무에 보낸 관심이 고래가 사는 바다 생태계로, 육지에 사는 숲 생태계로 확장되길 바란다. 갯벌이 살아나면 수많은 물새가 모여들 것이다.

새만금 사업으로 방조제가 물을 막아서자 수질이 오염되었고 갯벌은 썩어갔다. 수문을 열어서 바닷물을 유통시키자 조금씩 갯벌에 생명이 살아나는 것 같다. 해수 유입이 더 자주 더 많이 된다면 수라갯벌이 완만해서 넓은 영역까지 바닷물이 퍼질 수 있고 그렇다면 그곳에서 아직도 때를 기다리는 갯생물들이 다시 살아날 수 있다. 다 사라진 줄 알았던 흰발농게가 발견되었다는 소식은 수라갯벌의 빛이

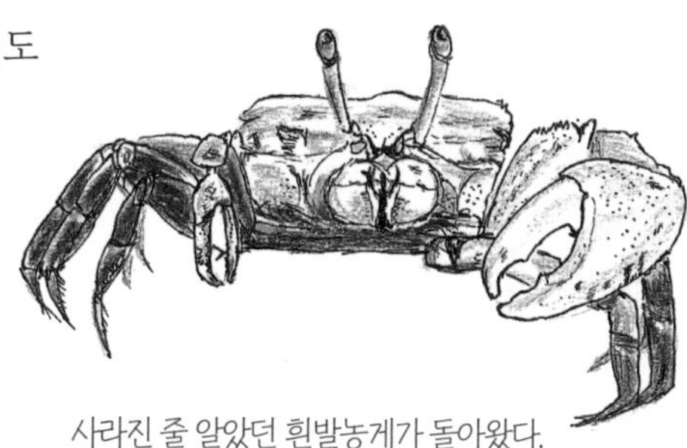
사라진 줄 알았던 흰발농게가 돌아왔다.

다. 가을이 깊어갈 때쯤이면 갈대, 억새와 염생식물인 퉁퉁마디, 해홍나물이 어우러져 누렇고 붉은빛이 아름다운 수라갯벌을 볼 수 있다.

"갯등 위로 갈대가 자라는가 싶더니 어느새 나무가 자란다. 바닷물이 더 드리워지면 반드시 망둥어, 조개에게 다시 내어준다. 새들에게 쉼터를 주고, 고라니에게 숨을 곳을 제공한다. 나무 한 그루, 칠게 한 마리, 매립하지 않고, 준설하지 않으면 그 어떤 모습으로든 살아 보여준다."

오동필 단장의 이 같은 염원에 내 마음도 보탠다.

밀렵으로 멸종을 맞이한 비운의 생물종

코뿔소 | 학명 ***Rhinocerotidae***

현생하는 코뿔소의 종류는 모두 다섯 종으로 아프리카에 서식하는
검은코뿔소와 흰코뿔소, 아시아에 서식하는 인도코뿔소와
자바코뿔소, 수마트라코뿔소가 있다.

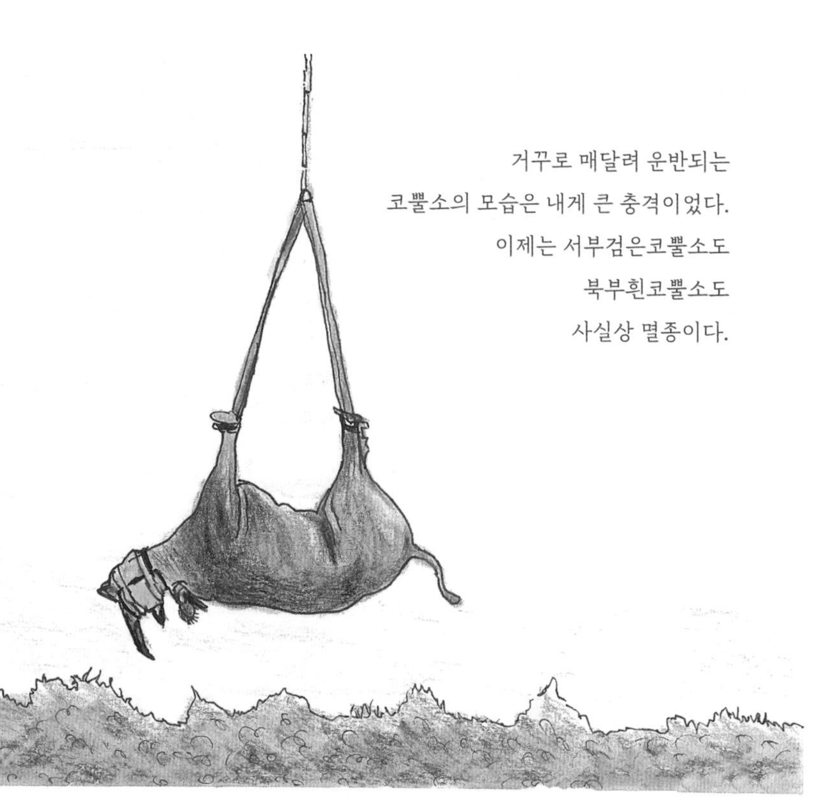

거꾸로 매달려 운반되는
코뿔소의 모습은 내게 큰 충격이었다.
이제는 서부검은코뿔소도
북부흰코뿔소도
사실상 멸종이다.

—

눈과 귀가 가려진 채 네 다리가 묶여 크레인에 거꾸로 매달린 코뿔소가 숲의 캐노피 위로 들어 올려진다. 얀 아르튀스-베르트랑과 마이클 피티오 감독의 영화 〈Terra〉(테라Terra는 지구, 땅을 의미하는 라틴어) 초반에 나온 충격적인 장면이다. 야생동물이 포획되고 운반되는 과정에서 저런 신세가 된다는 걸 그 장면을 보기 전엔 상상해본 적이 없었다. 이따금 다친 새를 포획하느라 눈을 가리려고 담요를 씌우는 걸 보긴 했지만 감각을 차단하기 위해 움직임을 결박한 모습은 자못 충격이었다. 포획과 운반 과정에서 동물은 극도로 스트레스와 두려움을 느낄 수밖에 없다. 겁에 질려 몸부림치다 부상을 입는 상황을 줄이기 위해 눈과 귀를 가린 거겠지만 막상 그 장면을 보는 건 느낌이 또 달랐다. 그런데 이렇게 하면서까지 운반하려는 건 대체 왜일까? 사바나 초원에 사는 코뿔소를 대체 무엇 때문에 어디로 옮기려는 걸까?

2011년 서부검은코뿔소의 멸종을 국제자연보존연맹이 공식 선언했고 2018년 3월에는 케냐 올페제타 보호구역에서 마지막 북부흰코뿔소 '수단'이 노화로 숨을 거두었다. 그동안 북부흰코뿔소는 수컷

수단과 모녀 두 마리가 전부였다. 몇몇 수컷 코뿔소의 정자를 미리 채취해서 냉동보관을 해두었다고 하지만 수컷이 지구상에서 사라졌으니 북부흰코뿔소는 기능적 멸종 상태가 되었다. 2022년에 과학저널 〈사이언스 어드밴시스Science Advances〉에는 일본 오사카대학 등이 참여한 국제 연구팀이 북부흰코뿔소의 피부조직에서 배양한 유도만능줄기세포에서 난자와 정자로 발전할 '원시생식세포와 같은 세포'를 만들어내는 데 성공했다는 내용이 실렸다. 이런 성공이 이어져 코뿔소 복원에 성공한다면 기술의 진보를 이루는 것 말고 어떤 의미가 있을까? 코뿔소를 복원해도 그들이 살아갈 서식지가 없다면 복원에 의미가 있을까? 사실 코뿔소는 서식지 파괴보다도 밀렵으로 숫자가 급격히 감소했다. 밀렵의 목적은 코뿔소의 뿔이다.

코뿔소는 수백만 년 동안 우리 행성에서 살아왔다. 150여 년 전 아프리카 사바나는 100만 마리가 넘는 검은코뿔소와 흰코뿔소의 고향이었지만 유럽인들이 아프리카에 들어와 사냥하면서 코뿔소 숫자는 급격히 감소했다. 20세기 초에도 50만 마리가 넘는 코뿔소가 살았지만 오늘날 야생에 사는 코뿔소는 대략 3천 마리 미만으로 추산하고 있다. 코뿔소 숫자가 급감하면서 1977년 멸종위기 동식물의 국제 거래에 관한 협약CITES에 따라 코뿔소 뿔 무역이 금지되었지만 밀거래

수요는 여전히 높다. 코뿔소 뿔이 항암 치료에 좋다는 얘기가 아시아권에 퍼져 있는 데다 뿔 분말은 환각제 등으로 이용된다고 한다. 그래서 코뿔소 뿔이 암시장에서는 금이나 코카인보다 비싸게 거래가 되고 이런 밀렵을 부추기는 악순환이 된다. 과학적 근거와 별개로 중국 전통 의학에서 뿔이 귀한 약재로 평가되고 있고 무엇보다 중국과 베트남 등 신흥국가의 부가 증가했기 때문이다. 코뿔소 뿔이 과시용으로 소비되면서 수요는 이어지고 밀렵도 사라지지 않는다. 누군가의 건강을 위해, 자신의 부를 과시하기 위해 소비하는 물건이 지구상에서 생물종을 절멸로 이끈다는 것은 인간을 너무 하찮은 존재로 전락시킨다. 다행스러운 건 2016년 세계자연보전연맹IUCN이 각국에 상아의 지역 내 거래 중단을 촉구하는 결의안을 채택했고, 상아 최대 수요국이던 중국은 2018년부터 상아 거래와 가공을 전면 금지했다.

영화는 탄자니아 숲에 살고 있는 콜로부스원숭이 이야기로 시작한다. 어느 날 콜로부스원숭이들이 살던 숲이 차밭으로 바뀐다. 내레이터는 콜로부스원숭이 가족들이 깜짝 놀랐을 거라고 이야기한다. 추정치이긴 하지만 탄자니아의 삼림 벌채율은 1990년부터 2015년까지 해마다 대략 1.5%다. 깜짝 놀라고도 남을 만한 벌채율이다. 숲이 사라진 자리에서 차, 커피, 옥수수, 카사바, 목화, 캐슈넛, 채소 등을 재배

한다. 탄자니아라고 하면 세렝게티와 아프리카 최고봉인 킬리만자로가 먼저 떠올랐지만 이젠 차나 커피, 캐슈너트의 원산지로 더 유명할지도 모르겠다. 탄자니아는 세계에서 다섯 번째로 차를 많이 생산하는 나라고 아라비카커피의 주요 생산국이기도 하다. 이렇게 숲이 농경지로 개발되면서 숲은 조각조각 파편화됐다. 숲에 의존해서 살아가는 콜로부스원숭이에게는 큰 위협이 아닐 수 없다. 그리고 콜로부스원숭이의 집을 없앤 자리에서 생산한 것들이 우리의 간식으로 돌아온다.

코뿔소도 인간도 지렁이도 고래도 세균도 아까시나무도 몇몇 공통 조상에서 갈라져 나와 각자 처한 환경에 적응하며 살아가는 생명들이다. 우월하거나 열등한 생물종 따윈 있을 수 없다. 다윈의《종의 기원》은 오늘 우리에게 이 사실을 환기시킨다. 숲은 지구에서 살아가는 생명이 경험한 모든 것이 기억되는 공간이다. 그럼에도 더 많은 이윤을 추구하고 부를 과시하려고, 입을 즐겁게 하려고 숲을 밀어버린다. 그곳에 기대 살아가는 어떤 생물종을 절멸로 이끌 권리가 우리에게 있을까? 밀렵을 끝장내고 숲이 더 많이 사라지지 않으려면 소비의 근원을 살펴야 할 것 같다. 사랑과 우정, 사회적 지위가 물건을 소유하고 소비하는 것에 좌우된다는 감언에 넘어가서는 안 될 것 같다.

겨울 숲 청딱따구리.

야생의 생명과 연대하는 겨울

긴긴 겨울을 품은 겨울.
혹독한 추위에도 야생의 생명과 마음을 나누는 겨울.
낮이 가장 짧은 동지를 품은 겨울.
모든 존재가 우리 공동의 집 지구에서 더불어 행복하길!

야생의 생명과 연대하기

버드피더 | ***bird feeder***

새에게 먹이를 주기 위해 야외에 설치한 통이나 장치.
열매나 씨앗으로 겨울을 나야 하는 산새들을 위해
견과류 등의 먹이를 박아서 나무에 매달아 둔다.

파주 출판단지에서 만난
솔방울 버드피더.
늦가을에 달아둔 것이라
견과류는 남아 있지 않았다.

—

추운 겨울 동안 새들의 안녕을 기원하는 사람들의 마음을 나뭇가지에서 발견했다. 겨울과 봄이 교차하는 3월 초, 파주 출판단지에 갔다가 벚나무 가지에 매달려 있는 솔방울을 봤다. 자세히 들여다보니 솔방울에는 밀가루 반죽이 붙어 있었고 중간중간에 무언가가 빠진 흔적이 남아 있었다. 늦가을에 새들의 먹이를 챙기려 견과류를 밀가루 반죽에 박아서 매달아 놓은 솔방울 버드피더였다. 내가 발견했을 땐 3월 초였으니 견과류가 남아 있을 턱이 없다.

곤줄박이가 쪽동백 열매 한 알을 양발로 꽉 붙잡고 쪼아 먹는 모습을 가끔 본다. 1cm나 될까 싶은 작은 씨앗 한 알이 곤줄박이에겐 마치 사과 한 알 같았는데 그걸 붙잡고 얼마나 알뜰히 먹던지. 그러니 솔방울 버드피더에 붙어 있던 견과류는 춥고 배고픈 새들에게 얼마나 요긴했을까. 더구나 견과류는 열량이 높아 추운 겨울을 지내는 새들에게 좋은 먹이다.

겨울은 모든 것이 다 사라지고 숨는 계절이다. 인류 역사를 살펴보면 지금처럼 먹을거리가 풍요로웠던 시대는 없었다. 보릿고개나 추수 감사제는 모두 먹을거리와 관련이 깊다. 혹독한 배고픔의 터널은 보리가 익을 때까지 빠져나올 수 없었다. 풍년은 겨울을 무사히 살아남을 수 있다는 의미와 다르지 않기에 누구에게든 감사하지 않을 수 없었을 것 같다. 우리도 그랬던 때가 있으니 야생의 목숨들이 어떤 처지에서 겨울을 나게 될지는 역지사지로 알 수 있다. 더구나 서식지마저 좁아지고 있으니 겨우내 버티며 살아내는 일은 버거운 일이 아닐 수 없다.

2023년 1월, 전북 군산 만경강 인근에서 엽사들이 기러기를 사냥하고 있었다. 가축용 사료로 재배하는 라이그래스를 쇠기러기가 몽땅 먹어 치운다는 농민들의 민원에 군산시가 사냥을 허가해준 것이다. 쇠기러기 사이에는 멸종위기종인 큰기러기나 재두루미도 섞여 있는데 대체 어떻게 쇠기러기만 사냥한다는 걸까? 쇠기러기 입장에서도 억울하다. 겨울에 몽골 등에서 날아온 수만 마리 기러기 떼는 낙곡 등을 먹으며 겨울을 나는데 먹을 게 부족하자 라이그래스를 먹은 거다. 물론 농민 입장에서는 사룟값이 오르자 겨울 동안 노는 땅에 사료용으로 심어놓은 건데 그걸 기러기가 먹어 치우니 마땅히 속상할 일이다. 그렇다고 기러기를 쫓아버리거나 잡아 없애는 걸로 해결이 될까? 기러기 입장에선 땅이고 풀이고 대체 누가 자연의 주인인 거냐고 반문할 일이다. 골칫거리만 솎아내면 해결된다는 낡은 생각의 프레임을 바꿔야 해법이 보인다. 농민들 피해를 보상해주고 기러기가 먹이를 먹을 수 있는 공간을 확보하는 게 오히려 지속 가능한 해결책 아닐까?

새들이 많이 찾는 충남 서산 천수만에서는 해마다 겨울이면 철새 먹이 나누기를 한다. 천수만은 일본에서 월동한 흑두루미들이 봄에 북상하면서 들르는 곳이다. 서산에서 동물병원을 운영하는 김신환 원장과 자원봉사하는 시민들, 서산버드랜드 그리고 서산시는 힘을 모아서 서산 지역에 찾아오는 새들을 위한 밥상을 차리고 있다. 흑두루미 먹이는 벼, 황새 먹이는 미꾸라지, 독수리 먹이는 육류 부산물이다. 직접 참여할 수 없는 시민들까지 십시일반 후원금을 보태서 이들을 먹인다. 새들은 이동할 때 상당한 에너지가 필요해서 든든하게 먹어야 한다. 논밭의 낙곡이 좋은 먹이지만 농경지가 절대적으로 줄어들기도 했거니와 사일리지 기술이 등장하며 들판에 낙곡이 사라졌다. 사일리지는 겨울 동안 소 등 반추동물에게 신선한 식물 사료를 공급하기 위해 개발된 저장 기술로 늦가을 추수가 끝난 들녘에서 하얀 마시멜로처럼 생긴 걸 봤다면 그게 바로 곤포 사일리지다. 사일리지가 생기며 사료를 알뜰하게 챙겨 쓰다 보니 막상 새들이 배가 고프다. 그 처지를 헤아려 먹이를 주고 먹이를 주다 보면 다친 새가 눈에 띄어 치료도 한다.

경남에는 겨울이면 몽골에서 우리나라로 내려와 월동하는 독수리가 있다. 사냥하지 않고 죽은 고기만 뜯어 먹는 청소동물, 천연기념물인 구대륙독수리류다. 중학교 미술교사였던 김덕성 씨는 경남 고성의 '독수리 아빠'로 불린다. 그는 농약 먹은 오리 사체를 먹고 죽거나 굶어 죽는 독수리를 보면서 2000년부터 사비를 털어가며 독수리 먹이를 주기 시작했다. 독수리 식당은 독수리가 내려오는 11월 말부터 떠나는 3월까지 일주일에 네 번 문을 연다. 논에 돼지나 소 부산물, 닭 사체 등을 펼쳐놓으면 이 독수리들이 내려와 먹고 간다. 경남 고성은 중생대 공룡 발자국과 새 발자국 화석산지로 세계적으로도 손꼽히는 곳이다. 이런 곳에 공룡의 후손인 새들이 해마다 찾아온다니 고성과 조류의 인연이 무척 깊다는 생각이 든다. 아프리카돼지열병, 조류독감 등이 염려되어 겨울 철새 먹이 주기 행사를 금지하는 지자체가 있는데 철새들이 건강하면 오히려 질병 감염률이 떨어진다. 가급 농장에서 떨어진 곳에 아예 먹이터를 정해주는 것이 질병이 퍼지는 걸 막을 수 있는 길이다. 고성에 있는 독수리 식당의 인기가 높아지자 여러 곳에서 분점을 냈다. 김해 화포천, 창녕 우포늪, 산청, 하동, 거제, 통영 등에서도 독수리 먹이 나눔을 한다. 한 사람의 선한 영향력이 퍼지며 야생의 생명들과 연대하는 이들이 늘어나는 건 인류세의 희망 아닐까?

지자체들도 겨울이면 새들에게 먹이 나눔 행사를 많이 한다. 이런 행사에 참여해봐도 좋고 형편상 가기 어렵다면 소액이라도 후원하는 것도 좋은 방법이다. 우리 동네에서 겨울을 지내는 새들과 연대하는 쉬운 방법으로 솔방울 버드피더나 우유팩 버드피더가 있다. 솔방울이나 잣방울이 가을이면 많이 떨어진다. 그런 걸 모아서 끈을 달아

새가 쪼아 먹은 땅콩.
생땅콩을 내놓으면 와서 쪼아 먹거나 가져간다.

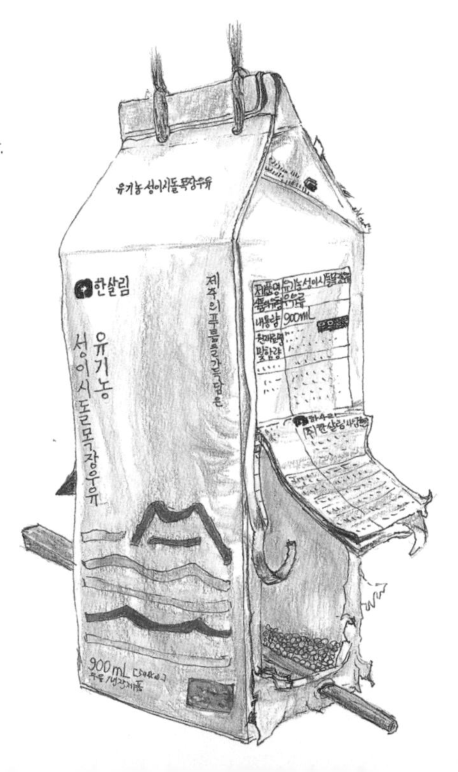

우유팩 버드피더.
집에서도 베란다에 설치할
버드피더를 쉽게 만들 수 있다.

버드피더를 준비해두었다가 추운 겨울에 아파트든 공원이든 새가 자주 오는 나무에 매달아 놓으면 어떨까? 참고로 솔방울 버드피더를 매달 때는 썩을 수 있는 천연 끈을 사용하는 게 생태계에 이롭다. 또 하나 주의할 점은 고양이가 닿지 않을 높이에 달아놔야 한다. 고양이는 전 세계에서 새의 최고 포식자이기 때문이다.

해양 쓰레기,
그리고 내가 플로깅하는 이유

댕기물떼새 | 학명 ***Vanellus vanellus***

도요목 물떼새과 조류.

우리나라에는 10월 하순부터 찾아와 3월경까지 머무르는 겨울 철새다.

다리 잘린 댕기물떼새.
폐그물에 걸려 다리를 잃은 걸까?
안쓰러운 마음이 든다.

—

지방 강연 일정을 마치고 서울로 돌아오는 기차 안이었다. 피곤해서 책을 읽을 수도 잠을 잘 수도 없어 비몽사몽 스마트폰으로 SNS를 열었다. SNS에는 날마다 싱싱한 뉴스가 쏟아지니 그걸 읽으며 에너지를 충전할 요량이었다. 아이디어를 떠올리기에도 최적의 공간이다. 그런데 가벼운 마음으로 훑어보던 SNS에서 마주친 사진 한 장에 한참 동안 눈을 떼지 못했다. 다리가 잘린 댕기물떼새였다.

댕기물떼새를 처음 본 것은 2019년 마지막 날, 연말연시를 보내려 식구들과 갔던 순천만에서였다. 순천만 습지에서 멋진 댕기 깃을 단 새 한 마리가 갯벌 위를 오가다 부리를 펄에 박더니 뭔가를 당기듯 꺼내는데 마치 스파게티 한 오라기를 길게 뽑는 것 같았다. 갯지렁이로 보였는데 그걸 물에 헹구더니 꿀꺽 삼켰다. 첫 만남에서 습식 행동까지 한꺼번에 다 보다니 이런 행운이 있나 싶었다. 다음 날 그곳엘 다시 가봤더니 여전히 댕기물떼새가 있었다. 먹고살 만한 환경인 것 같아 다행이라 생각했다.

사진 속 댕기물떼새는 왼쪽 다리 절반이 잘려 있었다. 새들은 한 다리로도 잘 서 있긴 하지만 그건 어디까지나 쉴 때 얘기다. 다리 절반이 잘린 새는 애처로웠다. 걷지 못하니 수시로 날아야 할 텐데 날갯짓은 에너지가 상당히 소비되는 걸로 알고 있다. 그러니 더 자주 먹어야 할 것이다. 절반 남은 다리 끝에 물방울이 맺혀 있는데 내 눈에는 댕기물떼새의 눈물 같았다. 다리가 잘린 사연은 오직 댕기물떼새만이 알 테니 나는 그저 유추할 따름인데, 바닷가에 방치돼 있던 폐그물에 심증이 간다. 다리를 휘감았을지 모를 알 수 없는 어떤 물건이 원망스럽기도 했다. 다리가 어딘가에 결박되면 비인간 동물의 생존은 사실상 거기서 끝이다. 인간과 비인간 동물이 갈리는 지점이 바로 여기다. 아무리 이기적이고 사악한 인간이 많다지만 그럼에도 인간은 서로 협력하는 '호모 심비우스*(공생인)'가 맞다. 길가에 전혀 모르는 사람이 쓰러져 있거나 위급한 상황에 처했을 때 이를 본 사람들은 있는 힘껏 돕는다. 벌이나 개미처럼 동물 세계에도 협력이 있다고 하지만 그건 본능에 프로그래밍된 것일 뿐이다. 도움이 필요한 순간을 판단하고 기꺼이 도울 수 있는 건 인간뿐이라는 게 여전히 희망이다. 그나저나 잘린 다리를 보며 걸려든 곳에서 벗어나려 저 새는 얼마나 애를 썼을지, 고

* 호모 심비우스(home symbious) : 공생하는 인간을 뜻하는 말로, 인간은 물론 다른 생물종과도 밀접한 관계를 이어나가는 인간을 말한다. 최재천 이화여대 교수가 만든 용어.

통을 견디고 풀려났을 때 홀가분했을지, 많이 아팠을 텐데 이제 상처는 아물었을지 그 고통이 내게 이입되면서 감정이 복잡했다. 오만 생각이 들다가 내린 결론은 '어쨌든 살아남았으니 그걸로 된 거다'였다. 어차피 무리 짓지 않고 홀로 살아가는 댕기물떼새니 괜찮을 거라는 생각에 이르렀다.

검은머리물떼새.

그물에 휘감긴 채 잘록해진 물범, 배 속에 플라스틱 쓰레기를 잔뜩 담고서 해변으로 떠밀려 온 고래, 플라스틱 조각으로 배를 채우다 아사한 어린 알바트로스는 우리를 둘러싼 바다에 경고등이 켜졌다고 일러준다. 경고등이 우리에겐 얼마나 절실하게 와닿을까? 의도하지 않은 쓰레기나 물건이 누군가의 생사를 결정짓는다고 생각하면 내 손을 떠나는 것들에 더 많이 신경 쓰며 살아야겠다는 생각이 든다. 바다의 시작은 계곡으로 거슬러 올라간다. 계곡에 버려진 쓰레기는 물길을 타고 강을 거쳐 바다로 유입되기 쉬우니 도심의 거리든 계곡이든 강가든 뒹구는 것들을 기꺼운 마음으로 줍자. 플로깅(조깅하며 쓰레기를 줍는 운동)이야말로 경쾌한 생명 살림이다.

배 속이 플라스틱 쓰레기로 꽉 찬 알바트로스.
제대로 된 음식을 먹지 못해
결국 아사하고 말았다.

이동하지 않고 주저앉는 철새들

되지빠귀 | 학명 ***Turdus hortulorum***

참새목 지빠귀과의 조류. 우리나라에 찾아오는 여름 철새로,

5월에 지저귀는 소리가 무척 아름답다.

겨울에 만난 되지빠귀.
왜
남쪽으로
떠나지 못했을까?

—

큰아이와 미술 전시를 보고 저녁을 먹은 뒤 귀가하던 중이었다. 컴컴한 인도 위에 어떤 물체가 하나 눈에 들어왔다. 궁금한 건 그냥 넘기지 못하는 나는 그게 뭔지 확인하려고 가까이 다가갔는데 갑자기 그 물체가 퍼드덕 날갯짓을 했다. 다가가던 나도 놀랐고 바닥에 앉아 있던 새도 놀랐던 것 같다. 살펴보니 되지빠귀였다. 되지빠귀는 여름 철새다. 이미 따뜻한 남쪽으로 내려가도 한참 전에 내려갔어야 했다. 대체 왜 그 시각에 그 바닥에 앉아 있었던 건지 의아했다. 되지빠귀는 내가 가까이 다가가도 멀리 날아가질 못하고 그 자리에서 퍼드덕거리다가 가장 가까운 전봇대로 날아가려 시도했다. 그러나 높이 날지 못해 계속 전봇대 기둥에 부딪히고는 바닥으로 주저앉길 반복했다. 이따금 지나가는 사람들이 혹시라도 놀라거나 되지빠귀를 밟을까 싶어 우리는 사람들에게 저기 새가 있으니 피해서 지나가 달라고 부탁을 했다. 사람들은 무슨 새냐 물으며 관심을 잠깐 보이기도 했다. 되지빠귀는 탈진한 것 같았다. 추운 겨울에 먹을 걸 찾지 못했던 건지 그렇다면 에너지를 보충할 뭔가를 주면 좋을 텐데 대체 어떻게 해야 할지 판단이 서지 않았다.

주말 저녁이라 야생동물 구조센터에 전화를 걸어도 소용이 없었다. 발을 동동 구르며 안타까워하는데 갑자기 새가 도로 쪽으로 날아올랐다. 기력이 없으니 높게 날아갈 수가 없다. 낮게 날면 당연히 지나가는 차에 부딪힐 텐데 하는 생각에 너무 놀라 그만 눈을 가리고는 펑펑 울기 시작했다. 그때 아이가 "괜찮아. 건널목 신호등이 지금 초록불이야"라며 안심시켰다. 살짝 손을 내리고 살펴보니 다행스럽게도 타이밍이 보행 신호여서 차들이 다 멈춰 있었다. 내 눈에는 마치 되지빠귀가 건너갈 수 있도록 차들이 멈춰준 것만 같았다. 도로 건너편을 보니 되지빠귀가 인도에 앉아 있는 게 보였다. 가슴을 쓸어내렸다. 잠시 뒤 신호가 바뀌자 차들이 지나가기 시작했고 새를 볼 수 없었다. 한참을 지켜보는데 새가 가로수 위로 날아오르려 시도하는 게 보였다.

몇 해 전 겨울 되지빠귀를 그렇게 서울 시내 한복판에서 아주 짧게 만났다. 대체 왜 이 새는 추운 겨울을 서울에서 지내려는 걸까 싶었다. 새를 잘 아는 몇몇 지인에게 물어보니 최근에는 겨울도 춥지 않아 월동하는 새가 있다며 먹이만 충분하다면 괜찮다고 했다. 생각해보니 되지빠귀를 만난 근처에 북악산이 있고 경복궁, 창덕궁, 창경궁 그리고 종묘가 있다. 도심이어도 새들이 지내기에 괜찮은 환경인 것 같았다. 조선 왕조가 우리에게 남긴 가장 귀한 유산은 궁궐이라고 생각한다. 서울 한복판에는 궁궐과 궁궐터가 무려 다섯 군데나 있다. 문화유산이니 앞으로도 그 지역은 개발이 되지 않을 거다. 미래 세대를 위해 녹지를 확보해준 조선 왕조의 탁견이 고맙기까지 하다(전혀 의도하지 않은 걸 테지만). 반세기가 넘도록 공간이 확보되니 많은 동식물이 안정적으로 서식할 수 있다. 서울을 둘러싼 둘레길이 있을 정도로 서울 주위에는 산이 포진해 있다. 그러니 도심 궁궐의 숲은 동물들에게 중간 쉼터 역할을 할 수 있다. 강이 흐르고 산이 있는 것을 이용 가치가 아니라 보전 가치로 생각해보면 서울도 생물다양성이 풍부한 도시가 될 가능성이 충분해 보인다.

이동하지 않고 주저앉는 철새가 늘어나는 건 세계적인 현상이 돼가는 듯하다. 독일의 막스 플랑크 조류학 연구소가 겨울에 먹이를 찾아 남하하는 황새의 이동 거리를 분석한 논문이 국제 학술지인 〈사이언스 어드밴시스〉에 실렸다. 여덟 개 나라에 머물고 있는 어린 황새 70마리의 몸에 위성위치 확인시스템GPS을 부착하고 이동 경로를 살펴봤더니 황새들의 이동 경로가 짧아진 것으로 확인됐다. 우즈베키스탄에서는 아예 황새가 남쪽으로 이동하지 않았다. 도시의 쓰레기 더미에서 먹이를 찾아 먹으며 지내는 것이 이롭다고 판단해서 행동 양식을 바꾼 걸로 보인다고 논문은 결론을 내리고 있다. 이렇게 되면 해마다 철새들이 찾아가던 지역에는 어떤 문제가 생길까? 새가 새끼를 기르느라 잡아먹는 곤충이며 먹이사슬로 연결된 여러 포식 동물까지 생각하면 더 이상 새가 찾지 않는 지역 생태계에도 영향이 미칠 것 같다.

한겨울 나뭇가지에 겨울눈밖에 없는데도 박새며 붉은머리오목눈이가 나뭇가지에서 뭔갈 먹는 것 같다. 가까이 가서 보니 나뭇가지에 진딧물이 까맣게 붙어 있다. 가뜩이나 따뜻해지는 겨울, 만약 새마저 사라진다면 진딧물이 창궐해서 나무인들 온전히 살아낼 수 있을까? 통계로 잡혀 있지 않고 우리가 관심을 갖지 않아서 그렇지 생태계의 균형을 잡아주는 새들의 역할은 지대할 것이다. 가야 할 때 가고 와야 할 때 오는 새들의 귀함을 알아보는 눈이 필요하다. 와서 머무는 동안 그들이 먹고 쉬는 일을 돌봐야 할 의무가 어느새 우리에게 생겼다. 생태계의 균형을 깨뜨린 게 우리 인간이기 때문이다. 의무감이 아니라도 그들의 존립과 우리의 생존이 서로 긴밀히 연결돼 있기 때문이다. 게다가 새는 아름다운 소리도 들려주지 않는가!

새의 사냥은 자연스러운 일

새매 | 학명 ***Accipiter nisus***

매목 수리과의 조류. 1982년 11월 16일 천연기념물로 지정되었다.

환경부 멸종위기 야생생물.

새매는 먹고 살기 위해
사냥을 한 것뿐.

—

공원을 가로지르며 자전거를 타고 가는 길이었다. 농구장 옆 자전거 도로를 막 지나가는 순간 새 한 마리가 바닥에서 푸드덕 날아올랐다. 갑자기 벌어진 일이라 깜짝 놀라 자전거를 세우고 보니 새가 날아오른 곳에 또 한 마리의 새가 있다. 순간 잘못 봤나 싶어서 새가 날아간 곳을 보니 벚나무 굵은 가지에 새매가 앉아서 나를 쳐다보고 있고, 다시 바닥을 보니 멧비둘기 한 마리가 널브러져 약한 숨을 쉬고 있는 광경이 보인다. 주변에는 깃털이 흩어져 있다. 그제야 대강의 상황을 알아차릴 수 있었는데 너무 놀란 나머지 나는 그만 "어떡해"란 말만 반복하고 있었다. 숨이 끊어질 것 같은 비둘기를 어떻게 해야 할지 몰라 갈팡질팡했다. 근처 나뭇가지에 앉아 있는 새매는 미동도 않은 채 나를 지켜보고 있고, 바닥에 널브러진 멧비둘기는 아직 숨이 붙어 있긴 한데 기력이 다했는지 꼼짝을 못했다. 저 새를 데리고 동물병원으로 가야 하는지, 동물병원까지 새를 어떻게 데리고 가야 할지 머릿속으로 몇 가지 시나리오를 그리고 있었다. 그러나 어떤 시나리오도 내가 감당키 어려운 것들뿐이었다.

새매 주위로 까치들이 떼로 몰려와 깍깍거리는 소리에 정신을 차렸다. 까치나 까마귀가 떼로 몰려다니며 맹금을 쫓아내는 장면을 여러 번 본 터라 이 상황이 무엇인지 그제야 이해가 되었다. 내가 오버하고 있다는 걸. 내 앞에서 벌어진 그 상황은 내가 끼어들 계제가 아니었다. 새매는 먹고 살기 위해 사냥을 한 거였다. 멧비둘기는 그 시간이 너무나 고통스럽겠지만 이왕 새매의 먹이가 될 처지니 얼른 숨이 끊어져 고통이 덜하길 빌어줘야 할 것 같았다. 의도치 않았어도 새매가 비둘기 숨통을 조이고 있던 그 순간 내가 지나가면서 새매의 사냥을 방해했으니 빨리 그 자리를 비켜주는 게 내가 해야 할 일이었다. 자전거를 타고 그곳을 떠나는데 눈물이 났다. 천천히 마지막 숨을 할딱이는 멧비둘기 잔상이 자꾸 떠올랐다. 마지막 순간을 어서 맞이해서 평안해지길 기도했다.

볼일을 마치고 집으로 돌아가는 길에 다시 그곳에 가봤다. 멧비둘기 사체는 과연 어떻게 되었을지 궁금했다. 새매가 가져다 먹었다면 다행일 텐데 싶은 마음도 들고 멧비둘기가 그대로 널브러져 있다면 숲 있는 쪽으로 치워놔야 하지 않을까 싶은데 어떻게 치울 수 있을지 고민되었다. 공원이 가까워지자 두렵기도 했다. 근처에 도착해 멀리서 힐끗 보는데 아무것도 보이지 않는다. 안심하고 다가가니 말끔히 치워져 있었다. 주위에 날리던 깃털까지도. 혹시 공원을 청소하는 사람이 멧비둘기 사체를 치웠다면 새매는 어쩌나 싶은 생각이 들었다. 누군가에겐 혐오감이 들게 하는 폐기물이지만 새매에겐 일용할 양식이니 말이다. 하필 그 시각에 내가 왜 그곳을 지나갔을까 하는 터무니없는 후회까지 밀려들었다.

미약한 숨을 쉬고 있던 멧비둘기를 두고 돌아설 때만 해도 나는 냉정한 인간인가 하는 일말의 죄책감이 남아 있었지만 저녁이 되자 오히려 새매의 사냥을 의도치 않게 방해한 꼴이 되었다는 자책이 밀려왔다. 새를 잘 아는 지인에게 메시지로 오늘 있었던 일을 알려주고는 "새매가 과연 가져갔을까요?"라고 물었더니 그랬을 수도 있고 큰부리까마귀가 웬 떡이냐며 가져갔을 수도 있다고 한다. 새매는 사냥을 하고도 종종 먹이를 뺏기는 일이 벌어진다며 그게 자연스러운 일이라고 오히려 나를 안심시켜 줬다.

동물의 언어를 이해할 수 있다는 솔로몬의 반지를 갖고 싶을 때가 있다. 불현듯 며칠 전부터 모이대에 찾아오던 한쪽 다리 다친 멧비둘기 생각이 났다. 그 비둘기는 꼭 모이가 다 떨어지고 나면 온다. 모이가 많을 때는 건강하고 힘 있는 새들이 오기 때문인 것 같다. 먹이를 주려고 하면 날아가 버리니 안타까울 따름이다. 이럴 때 새와 말이 통하면 얼마나 좋을까 싶다. 그렇지만 이런 마음 또한 내 욕심이라는 걸 알아차린다.

자연을 관찰할수록 손익계산서는 단 한순간도 똑떨어지지 않는다는 걸 배운다. 예상했던 건 늘 빗나가고 안타까운 마음을 접어야 할 때가 많다. 크게 보면 그런 것들이 모여서 생태계가 유지되고 있다는 결론에 이른다. 예전 같았으면 희생당한 멧비둘기 입장에서 새매를 미워했을지도 모른다. 세상의 이치를 조금 더 넓게 보는 법을 하늘을 나는 새들의 생태를 알아가며 배운다. 사람과의 관계도 비슷하다. 때론 너무나 가식적이고 너무 이기적이라 생각하는 사람조차 우리가 살아가는 세상엔 다 필요한 구성원이다. 그러니 아웅다웅하며 살 이유가 없다는 생각도 든다. 세상에 짊어지고 온 일감이 사람마다 다르니까. 까탈스럽기로 둘째가라면 서러워했던 내가 이만큼 생각을 하게 된 것도 자연이라는 스승 덕분이다. 모이대에 와서 밉상이던 멧비둘기 생각이 났다. 미워하던 마음이 얼마나 어리석고 부질없는 마음인지 이제 알 것 같다.

동물의 본능과 공존에 관하여

고양이 | 학명 ***Felis catus***

고양이과에 속하는 야행성 · 육식성 포유동물.

고양이 목에 넥카라를 채웠더니
희생당하는 새가 줄었다.

—

기온이 뚝 떨어진 어느 날 꽁꽁 싸매고 걷는 중이었다. 남자 어린이 두 명이 쪼그리고 앉아 덤불 아래를 들여다보고 있는데 분위기가 자못 심각하게 느껴졌다. 가까이 다가가 같이 들여다보니 길고양이가 있었다. 언뜻 보기에 나이가 꽤 들어 보였던 고양이는 며칠을 굶은 건지 가죽이 뼈를 덮은 듯한 형상이었다. 거기다 어디서 뜯겼는지 여기저기 피 묻은 상처투성이로 몰골이 사나웠다. 아이들에게 고양이가 배가 고픈 거 아니냐고 했더니, "얘 밥그릇이 텅 비었어요" 한다. 그 고양이를 이미 알고 있는 아이들이었다. 고양이가 뭘 먹는지 물어보고는 사 오겠다고 돌아서는데 "물도 없어요" 한다. 근처 슈퍼에 가서 참치 캔 두 개랑 생수를 한 병 사 왔다. 아이들은 내게 "고맙습니다"를 연발하며 캔을 뜯고 물도 따라 고양이 앞에 밀어줬다. 고양이는 참치에 혀를 좀 대더니 제대로 먹질 못하고 갸르릉 거리기만 했다. 걱정스럽게 들여다보는 우리가 영 불편했던 건지 일어나더니 길을 가로질러 건너편에 주차된 자동차 아래로 들어가 버렸다. 걸어가는 걸 보니 앞발 왼쪽을 절뚝거린다. 아이들이 동물병원에 데려가고 싶다고 했다.

나는 고양이를 만지지 못해서 병원에 데려가려면 이 아이들의 도움이 필요하다. 아이들은 학원 가던 길이었던 듯싶은데 내가 병원에 같이 가자고 부탁할 수 있을까, 잠깐 갈등하다가 그냥 돌아섰다. 병원에 데려간들 쉽게 치료가 될지, 지저분한 고양이에게 어떤 대접이 돌아올지 등 머릿속이 온갖 생각으로 복잡했다. 차라리 몇 만 원 모금함에 넣는 게 쉬운 일이었다. 마침 하고 있던 발 토시가 생각났다. 나는 발 토시를 벗어다 고양이가 주로 머문다는 나무 아래에 얌전히 깔아두고 왔다. 고양이가 다시 그곳으로 올 거라고 생각하기도 했지만 더 솔직히는 내 마음의 짐을 덜기 위해서였다. 아이들에게 잘 가라 인사하고 차 밑에 웅크리고 있는 고양이를 한 번 더 들여다보고 나서 발길을 돌렸다. 그 아이들이 고마웠다. 자기 일도 아닌데 내게 고맙다는 말을 하는 아이들에게 나도 불쌍한 생명을 지나치지 않고 관심 갖고 지켜봐 줘서 고맙다고 했다. 밤이 깊을수록 기온은 더욱 곤두박질쳤다. '그 고양이는 내일 아침 해를 맞이할 수 있을까' 하는 생각에 괴로웠다. 왜 괴로웠을까, 찬란한 아침 해를 마주하며 내게 물어봤다. 그 괴로움은 문제를 해결하는 데 하등 도움이 되질 못 했고 앞으로도 못 할 것이다. 싸구려 동정심으로 할 수 있는 건 아무것도 없다. 오전에 다시 그 자리로 가봤더니 고양이는 보이질 않고 내 발 토시만 그대로 있었다. 쓰레기로 오해받을까 싶어 가져올까 하다가 겨울 동안은 그대로 두기로 했다. 몇 년 전 일인데 요즘도 가끔 그 앞을 지날 때면 덤불 속을 한 번씩 들여다보곤 한다.

저녁에 공원으로 운동 나갈 때 이따금 동네 캣맘을 만나면 고양이들의 안부를 묻는다. 우리 아파트 근처에 내가 아는 캣맘 활동 장소만 두 군데가 있다. 캣맘이 정기적으로 밥을 챙겨주는 곳에서 불과 열 발자국도 떨어지지 않은 곳에는 바위가 있는데 바로 그곳에서 쇠유리새를 처음 봤다. 겨울이면 상모솔새 소리를 듣던 전나무도 근처에 있다. 그런데 여러 보도에 따르면 사람들이 고양이 먹이를 열린 공간에 두는 바람에 너구리 등 야생동물이 주거지 가까이 오기도 한단다. 야생동물과의 접촉면이 넓어질수록 인수공통감염병 문제가 불거질 수도 있다. 고양이와 새와 야생동물의 공생에 대해 생각해본다.

유리창에 부딪혀 죽는 새가 우리나라에서만 1년에 대략 800만 마리쯤 된다. 그런데 유리창보다 더한 천적이 고양이다. 전 세계적으로 고양이는 단연 새를 희생시키는 최고 포식자다. 먹기 위한 사냥보다는 고양이의 사냥 본능이 새를 잡는다. 작은 새뿐만 아니라 오리, 청설모, 도마뱀, 토끼에 이르기까지 고양이 사냥감은 많다. 생태적 가치가 높은 섬이나 국립공원처럼 새들이 많이 찾는 곳에서 길고양이에 의한 조류 피해는 늘어나고 있다. 몇 년 전 봄에 서해의 어느 섬으로 탐조를 갔던 지인은 한 폐가에 고양이가 물어다 놓은 새가 100마리 가까이 됐다며 찍은 사진을 SNS에 올렸다. 이동하던 나그네새들의 사체가 어마어마했다. 그해엔 더구나 바람의 방향이 바뀌어서 북상하려던 새들이 이동을 못 한 데다 사람이 가까이 다가가도 잘 날 수 없을 만큼 기력을 소진해서 고양이로 인한 피해가 더 컸다고 들었다. 새를 보러 간 곳에서 맞이한 새의 죽음을 보는 마음은 어땠을까.

환경부와 국립생태원이
실제 유리창 충돌로 폐사한
물총새 사체를 박제로 만들어 연출한 장면.
'야생조류 유리창 충돌 캠페인'에
쓰인 사진을 보고 그렸다.

한번은 고양이가 까마귀를 사냥하는 장면을 봤다. 내 앞을 쓱 지나가던 고양이가 갑자기 배를 바닥에 깔아서 무슨 일인가 지켜봤다. 배를 바닥에 대고 살금살금 다가가는 곳에 까마귀가 있었다. 고양이는 까마귀를 덮치려고 쥐도 새도 모르게 다가갔는데 나뭇가지에 앉아 있던 까마귀가 고양이를 발견하고 휙 날아오르는 바람에 잔디밭에 있던 까마귀도 함께 날아가 버렸다. 고양이과의 호랑이나 삵이 그렇듯 고양이도 신체 구조상 목에 달린 방울이 소리가 나지 않게 사냥이 가능한 동물이다. 왜 새들이 그토록 고양이가 다가오는 걸 눈치채지 못하는지 이해가 되고도 남는다. 그래서 고안해낸 방법이 넥카라다. 고양이 목에 방울이 아니라 밝은 색깔의 넥카라를 채웠더니 새들이 고양이를 발견하고 피하는 바람에 희생이 급격히 줄었다는 보고가 있다. 그러나 집고양이가 아닌 길고양이에게 넥카라를 채우는 일은 쉽지 않아 보인다. 고양이는 아주 좁은 틈새도 자유자재로 지나다니다 보니 만약 그 틈에 넥카라가 걸리면 목숨을 잃을 수도 있어서다. 다른 방법으로 캣빕이 있다. 쉽게 말하면 턱받이 같은 건데 고양이가 새를 사냥하는 순간을 방해할 뿐 일상적인 활동은 전혀 방해하지 않는다고 캣 굿즈 홈페이지에서 캣빕을 설명하고 있다. 2013년 〈네이처 커뮤니케이션즈Nature Communications〉에 게재된 수치에 따르면 북미 대륙은 고양이에 의해 사라지는 조류를 13~40억 마리 정도로 추정하고 있다.

뉴질랜드 캣 트래커Cat Tracker 연구는 집고양이가 얼마나 멀리까지 이동하는지에 대해 놀라운 결과를 보여줬다. 고양이 209마리에게 GPS를 부착해 움직임을 추적했더니 어떤 고양이는 행동반경이 214만 ㎡에 이르렀다. 평균치는 3만 2,800㎡로 나왔지만 편차가 클 것을 고려해 대략 1만 3천 ㎡로 연구는 결론지었다. 특별한 일 없이도 고양이가 이토록 넓은 영역까지 활동하고 있다는 얘기다. 우리가 상상할 수 없는 곳에서 새를 비롯한 생물이 사라지고 있다는 의미일 수도 있다.

중동 특히 오늘날의 이라크, 튀르키예, 시리아를 포함한 비옥한 초승달 지대가 고양이의 본래 고향이다. 9천 년 전부터 길들여져 사람 가까이에 살게 된 고양이가 이토록 생태계에 문제를 일으키게 된 첫 번째 이유는 인간이 기르던 고양이를 유기하면서 고양이가 야생으로 퍼져나갔기 때문이다. 도시의 비둘기 문제와 비슷한 이유다. 두 번째 이유는 천적 없는 환경에서 통제되지 않는 번식이다. 고양이는 1년에 여러 번 새끼를 낳을 수 있고 한 번에 여러 마리를 낳을 수 있다. 그래서 기하급수적으로 수가 늘었다. 중성화TNR와 책임감 있는 반려동물 돌봄, 그리고 시민을 대상으로 길고양이 문제를 교육하고 인식시키는 캠페인 등 다각적인 접근이 고양이 문제를 해결하는 데 필요하다. 일각에서는 중성화 수술을 시키는 데 한계가 있다는 이유로 길고양이 입양과 급식을 중단하는 것만이 고양이 숫자를 조절할 유일한 방법이라고 주장한다. 고양이의 특성을 고려할 때 입양은 인간 중심적인 생각이라는 주장도 있다. 한편 급식 중단 문제는 갈등이 훨씬 많은 지점이다.

서울 도심에 있는 대형 서점에 갔을 때 고양이 관련 책이 서가가 모자라 바닥에까지 쌓여 있는 걸 봤다. 사람들의 고양이 사랑을 느꼈다. 동물 가운데 가장 많은 기념일이 고양이와 관련된 기념일일 정도다. 사랑도 지속 가능해야 오래갈 수 있다. 내가 새를 좋아하는지를 캣맘은 모르니 내게 새의 안부를 물을 수 없을 것이다. 고양이 안부만큼이나 나는 새의 안부도 같은 무게로 생각하는 사람들이 늘어나면 좋겠다.

마치는 글

기후위기 시대의 노블레스 오블리주

사진 한 장에 마음이 뭉클해졌다. 지인의 어린 두 남매가 크리스마스 이브에 산타에게 줄 사탕과 카드를 벗어놓은 슬리퍼 안에 넣어놓은 장면이었다. 중학생이 되어서도 동생들과 똑같이 선물을 받아야겠다고

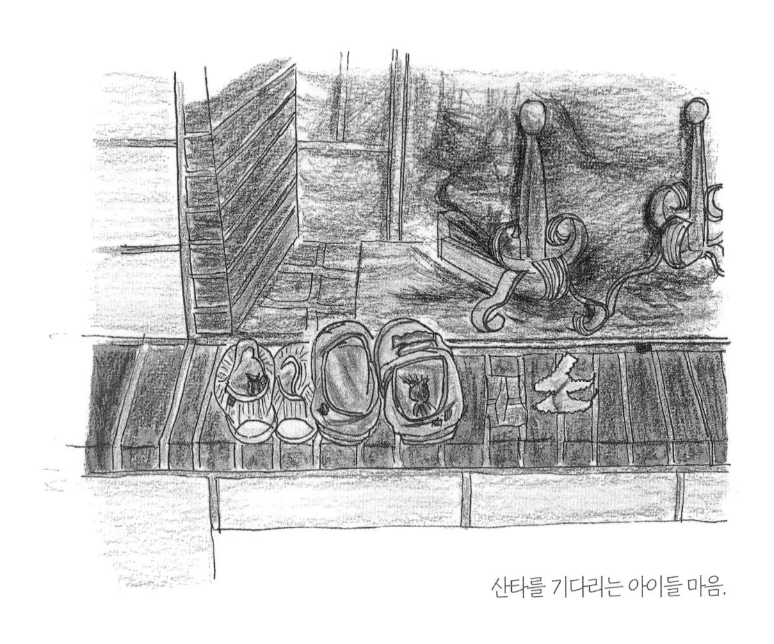

산타를 기다리는 아이들 마음.

우기던 내 모습이 생각나 뒤늦게 부끄러웠다. 크리스마스이고 어린이니까 선물을 받는 걸 당연하게 생각할 법도 한데 밤새 이집 저집 돌아다닐 산타가 얼마나 피곤할지 염려하는 아이들의 역지사지하는 마음은 얼마나 귀한가. 귀한 마음에서 품격을 생각해본다.

선친은 주위에 힘든 이들에게 크고 작은 도움을 주며 사셨다. 문중에 자식이 없는 노부부가 계셨는데 해마다 명절이면 돈 봉투 심부름을 시키셨다. 두 분은 그 봉투에서 단순한 돈을 넘어서 선친의 마음을 읽지 않으셨을까? 나누는 기쁨을 느끼는 삶은 행운이라 생각하며 나 역시 선친을 본받아 많은 돈이 아니어도 해마다 내 수입의 일정 부분을 기부하려 한다. 2015년에 영덕군 주민들이 지역에 핵 발전소 유치 여부를 묻는 주민투표를 시행하기로 했는데 자발적으로 투표를 치러야 해서 돈이 필요했다. 바로 그 무렵 책이 출간되면서 내겐 생각지 않은 돈이 생겼고 인세 전액을 후원할 수 있었다. 주민대표가 고맙다는 전화를 했는데 나 역시 그런 돈이 생겨서 참 고마웠다. 금액으로 환산할 수 없는 마음이 오가는 게 더 값지다고 생각한다. 누군가와 연대하고 있다고 생각하면 든든해지는 그 마음은 돈으로 살 수도 없는 거니까. 주민투표 결과 핵 발전소 유치에 반대하는 표가 월등히 높게 나왔고 핵 발전소 건설 계획은 철회되었다. 미력하지만 나누려는 마음이 선친에게 물려받은 귀한 유산이라는 걸 이제 깨닫는다. 선친의 기일이면 당신 이름으로 일정액을 후원한다. 생전에 남을 돕는 일을 즐겨 하셨으니 그 기쁨을 저 하늘 어디에선가도 계속 누리시길 기원하며.

14세기 백년전쟁 때의 이야기다. 프랑스 북부의 항구도시인 칼레는 도버해협을 사이에 두고 영국과 프랑스 모두에게 전략적 요충지였다. 그런데 잉글랜드 군대가 칼레시를 점령하며 시민들은 학살 위기에 처했고, 당시 칼레 시민들은 1년여에 걸쳐 잉글랜드 군에 저항했다. 잉글랜드의 에드워드 3세는 칼레의 지도자급 여섯 명의 목숨을 바친다면 칼레 시민들을 살려주겠다는 뜻을 전했다. 시민대표였던 칼레 최고 갑부 외스타슈 드 생피에르, 시장, 법률가 등 귀족 여섯 명은 이에 교수형을 각오하고 스스로 목에 밧줄을 감고 에드워드 앞에 출두했다고 한다. 출산을 앞둔 에드워드 3세의 왕비가 만류하면서 사형을 면했다는 이 이야기가 실화든 아니든, 방점은 많은 시민을 위해 귀족들이 자신의 목숨을 내놓았다는 데 있다. 부와 권력, 명성은 사회에 대한 책임과 함께해야 한다는 노블레스 오블리주의 실천이다. 연일 쏟아져 나오는 사회 지도층 인사들의 비리에 관한 보도를 접하며 우리 사회에 정의와 상식은 과연 있는지 묻고 싶을 때가 많다.

투자은행인 모건스탠리가 한국인의 2022년 사치품 소비가 2021년 보다 24% 증가한 168억 달러(약 20조 9천억 원)인 걸로 추산했다고 미국의 경제 매체인 CNBC가 보도했다. 이를 1인당으로 환산하면 324달러로, 중국의 55달러는 말할 것도 없이 미국의 280달러보다도 많다. CNBC는 한국 사람들이 사치품 시장에서 세계 최대의 큰손이 되었다고 보도했다. 필수품이 아닌 사치품을 이토록 소비하는 까닭은 뭘까? 사치품 구매가 상승한 이유로 모건스탠리는 2021년 부동산 가격 상승과 함께 외모를 중시하는 우리 사회의 분위기를 지적했다.

대한민국은 어느새 성형수술을 가장 많이 하는 나라가 되었다. 타고 다니는 차, 들고 다니는 가방, 사는 집이 사람을 평가하는 잣대가 돼버린 나라다. 기후위기 시대에 탄소배출은 전 세계에서 열 손가락 안에 들면서도 선거에서 정치인들의 기후 관련 공약을 찾아보기가 힘든 나라가 대한민국이다. 대부분의 에너지와 자원을 수입해 쓰면서도 밤거리는 언제나 휘황찬란한 나라, 대한민국이다. 한국 사회의 산재사망률은 OECD 최상위권이다. 1등을 여러 번 했고 5등 밖으로 밀려난 적은 아예 없다. 수학여행을 가다가, 축제를 즐기다가 몇백 명의 사람이 죽어도 유족들은 슬퍼할 겨를도 없이 책임자를 처벌해달라며 길거리에 나서야 하는 나라가 대한민국이다. 2014년 송파 세 모녀에 이어

2022년에 수원에서도 아주 흡사한 세 모녀가 생활고로 숨진 채 발견된 나라가 대한민국이다. 이 나라의 시민으로 사는 일이 어느새 부끄럽고 절망을 넘어 자꾸 무기력해진다.

"이 동네 사람들 다 김 약국 없으면 못 살았지. 돈 없을 때마다 금고처럼 갖다 썼으니까." 이 말에 정신이 번쩍 들었다. MBC경남에서 방영한 다큐멘터리 2부작, 〈어른 김장하〉에 나온 한 인터뷰이의 말이다. 이 다큐멘터리는 '나 하나가 애쓴다고 세상이 바뀌겠어?'라며 자포자기로 잔뜩 쭈글쭈글해진 내 마음의 주름살을 활짝 펴주었다. 한약방으로 큰돈을 벌었지만 그 흔한 자가용 한 대 없이 약방과 집을 오가는 김장하 어른. 형편이 어려운 수많은 학생이 고등학교와 대학교를 마치도록 돈의 용처를 묻지도 따지지도 않고 내어준 어른. 자신을 알리는 일에는 끝까지 함구하면서도 좋아하는 야구 이야기에는 얼굴 가득 환한 미소를 짓는 천진난만한 어른. 한국 최초의 인권운동인 형평운동에 누구보다 많은 관심과 지원을 아끼지 않았던 안목 있는 이 어른이 있어서 얼마나 다행인지. 아픈 사람한테서 번 돈을 함부로 쓸 수 없었다는 김장하 어른의 자기 고백은 무슨 짓을 하든 돈만 벌면 되는 세상에 빛과 소금이었다. "(받았던 돈을) 갚아야 한다고 생각한다면 이 사회에 갚아라." 김장하 장학생이었던 헌법재판소 재판관이 어른의 말씀을 회고하다 울컥했던 장면은 오래도록 아껴 기억하고 싶다. 똥은 쌓아두면 구린내가 나지만 흩뿌려버리면 거름이 돼 꽃도 피우고 열매도 맺는다는 그의 말이 곧 그의 삶이었다. 다큐를 보는 내내 내가 또 하나의 김장하가 되어보면 어떨까 생각했다. 우리가 또 하나의 김장하들이 된다면 우리 사회는 얼마나 살 만한 세상일까?

도움을 주신 분들

우리 집 베란다에 찾아오는 새들,
공원에서 습지에서 또 어디서든 만났던 모든 생명과 생명 아닌 것들, 그리고,

강찬수(중앙일보 환경전문 기자)

곽재구(시인, 전 순천대학교 교수)

곽정란(퍼머컬처 생태정원을 가꾸는 환경교육자)

김경숙(학교도서관문화운동네트워크 상임대표)

김성호(작가, 전 서남대학교 교수)

김숲(번역가)

김신환(서산태안환경운동연합 자문위원, 김신환동물병원 원장)

김영준(국립생태원 동물관리연구실장)

김영준(연세대학교 공과대학 도시공학과 교통공학연구실 석·박사 통합과정)

김정열(상주여성농민회, 비아 캄페시나 국제조정위원)

김주은(책방 심다 대표)

김지수(한국교육개발원 연구위원)

김철록(우포생태교육원 교육연구사)

남준기(내일신문 기자)

도연스님(산새마을 촌장)

명호(생태지평연구소 소장)

박건석(새를 좋아하는 얼치기 농사꾼, 조류전문가)

박중록(습지와 새들의 친구 운영위원장)

박진영(국립생물자원관 생물다양성연구부)

베아트릭스 포터Beatrix Potter(작가, 일러스트레이터, 환경운동가)

변영호(거제 신현초등학교 교감, 경남양서류네트워크 대표)

서현숙(삼척여자고등학교 국어교사)

양경모(에코샵홀씨 대표)

오광석(진주 명석초등학교 교사)

오동필(조류전문가, 새만금시민생태조사단 공동단장)

윤병렬(탐조해설가, 전 교사)

윤순영(한국야생조류보호협회 이사장)

이영보(농촌진흥청 양봉생태과)

이우만(화가 겸 작가)

이태옥(생태활동가)

정대수(경상남도교육청 교육연구정보원 교육정책연구소 교육연구사)

정명희(DMZ생물다양성연구소 소장)

조병범(작가)

조성식(탐조가, 디자이너)

조수남(가창오리 군무 사진가, 가창오리 사진 16년 차)

조홍섭(한겨레 환경전문 기자)

최세준(국립공원연구원 조류연구센터 연구원)

충남 야생동물 구조센터

크리스 조던Chris Jordan(사진가, 예술가, 영화 제작자)

하정옥(추적자학교 대표)

홍석경(서울대학교 언론정보학과 교수)

홍석환(부산대학교 조경학과 교수)

황선미(순천시 순천만보전과 주무관)

참고 자료

입춘을 품은 겨울

책

- 팔리 모왓 저, 이한중 역, 《울지 않는 늑대》, 돌베개, 2003.
- 김동진, 《조선의 생태환경사》, 푸른역사, 2017.
- 디디에 데냉크스 저, 김병욱 역, 《파리의 식인종》, 도마뱀, 2007.

영화

- 샤샤 스노우, 〈사선에서Conflict Tiger〉, 2006.

기사, 웹

- 조도혜, "꽃잎 대신 '플라스틱'으로 구애…'바우어 새'의 비극", SBS 뉴스, 2020.10.5.
- 김소영, "얼룩말 '세로'가 삐졌다? 잘못된 의인화…동물 탓하는 것", 동아일보, 2023.3.28.
- 김지숙, "비봉아 어디 있는 거니…25일째 신호 안 잡혀", 한겨레, 2022.11.9.
- 에스미 스탤러드, "소음 공해를 넘어서려는 돌고래의 '외침'", BBC NEWS 코리아, 2023.1.13.
- 조홍섭, "체중 30% 먹고 싸는 수염고래, 숲 생태계만큼 지구에 기여", 한겨레, 2021.11.4.
- LIZZY ROSENBERG, "World Whale Day Is Feb. 19, 2023 — And Observing Is Especially Important This Year", GREENMATTERS, 2023.2.17.

제비가 보인다, 봄

책

- 팀 버케드 저, 노승영 역, 《새의 감각》, 에이도스, 2015.
- 데이비드 앨런 시블리 저, 김율희 역, 《새의 언어》, 윌북, 2021.
- 브렌다 기버슨 저, 이명희 역, 《선인장 호텔》, 마루벌, 1995.
- 찰스 로버트 다윈 저, 장대익 역, 《종의 기원》, 사이언스북스, 2019.
- 김성호, 《우리 새의 봄 여름 가을 겨울》, 지성사, 2017.
- 최원형, 《달력으로 배우는 지구환경 수업》, 블랙피쉬, 2021.

영화

- 플로리안 데이비드 핏츠, 〈100일 동안 100가지로 100퍼센트 행복 찾기〉, 2019.

기사, 웹

- 천권필, "한국 제비는 100분의 1…세계 야생동물 50년간 69% 감소", 중앙일보, 2022.10.14.
- "수원청개구리가 사라지고 있는 이유", 동아사이언스, 2015.5.29.
- 박경만, "'새집 줄게' 약속 어긴 인간들…수원청개구리 '헌 집'만 사라졌다", 한겨레, 2022.6.28.
- 위성욱, "경칩 때 잠 깬 개구리 가장 먼저 걱정하는 건 '로드킬'", 중앙일보, 2018.3.5.
- 이율, "독일 내달 중순에 최종 탈원전…'핵폐기물 3만세대동안 위험'", 연합뉴스, 2023.3.31.
- 윤파란, "'10만 년 봉인' 세계 유일 방폐장 핀란드 온칼로에 가다", MBC 뉴스, 2022.7.22.
- 이재덕, "유엔이 '농민권리선언'을 채택한 이유는? '농민권리선언포럼' 김정열 대표 인터뷰", 경향신문, 2021.8.31.
- 비아 캄페시나 사이트(https://viacampesina.org/en/)
- 로라 비커, "한파에 숨진 이주노동자…열악한 비닐하우스 숙소는 그대로", BBC NEWS 코리아, 2021.2.9.
- 남예진, "기후위기로 호박벌 날개 비대칭 악화", 뉴스펭귄, 2022.8.23.
- "Museum collections indicate bees increasingly stressed by changes in climate over the past 100 years", Natural History Museum, 2022.8.18.
- 네스틴박스 사이트(https://nestinbox.se/en/home-5/)
- 남준기, "'모두베기 벌목' 산림청 국유림이 먼저 했다", 내일신문, 2021.6.14.
- 최우리, "산림청, 매년 모두베기 벌채 면적 50ha→30ha로 축소", 한겨레, 2021.9.15.
- 송명훈, "헝가리 효자 '아까시 나무' 재발견", KBS NEWS, 2015.9.19.
- 김양진, "'무자비한 가지치기' 왜 반복되나 했더니…", 한겨레, 2021.3.2.
- 동아시아-대양 철새 이동 경로 파트너십(EAAFP) 사이트(https://www.eaaflyway.net/)
- 세계 철새의 날 공식 홈페이지(https://www.worldmigratorybirdday.org/)
- Vlad Sokhin 글 사진, 박현철 역, "기후변화의 풍경: 고향에서 떠밀려난 캄차카 모래톱 마을", 월간《함께사는 길》, 2022.10.1.
- Ruby Prosser Scully, "Hundreds of puffins are starving to death because of climate change", NewScientist, 2019.5.29.

능소화가 핀 여름

책

- 폴 W. 테일러 저, 김영 역,《자연에 대한 존중》, 리수, 2020.
- 대니얼 C. 데닛 저, 신광복 역,《박테리아에서 바흐까지, 그리고 다시 박테리아로》, 바다출판사, 2022.
- 제임스 글릭 저, 김태훈, 박래선 역,《인포메이션 INFORMATION》, 동아시아, 2017.
- 소어 핸슨 저, 하윤숙 역,《깃털》, 에이도스, 2013.
- 데이비드 W. 앤서니 저, 공원국 역,《말, 바퀴, 언어》, 에코리브르, 2015.

영화

- 이장훈, 〈기적〉, 2021.

기사, 웹

- Ashifa Kassam, "'They're being cooked': baby swifts die leaving nests as heatwave hits Spain", The Guardian, 2022.6.16.
- 충남 야생동물 구조센터 사이트(https://cnwarc.modoo.at/)
- 이준석, "밀어닥치는 어린 죽음, 동물구조센터의 '잔인한 봄'", 한겨레, 2018.4.26.
- 서하연, "범인 못 찾은 '경산 능소화 절단사건' 반전 근황", 국민일보, 2022.10.23.
- 김상조, "담쟁이덩굴로 열섬현상 없앤다", 쿠키뉴스, 2009.5.7.
- 성시윤, "27도 넘는 열대야 떼창…남방계 말매미가 더 시끄럽다", 중앙일보, 2016.8.15.
- 최준호, "비둘기호 열차 역사 뒤안길로", 중앙일보, 2000.11.15.
- 김현우 에너지기후정책연구소 연구기획위원·탈성장과대안연구소 소장, "무궁화호는 '낭만'이 아니라 기후위기의 '현실적 대안'이다", 프레시안, 2021.10.14.
- 이영수 사회공공연구원 선임연구위원, "3개월 교통비가 12000원…독일 '9유로 티켓'이 가져온 변화", 프레시안, 2023.1.24.
- 이수연, "'멸종위기 맹꽁이 사는데?' 제주 비자림로 공사 재개", 뉴스펭귄, 2022.12.22.
- 이유진, "올겨울, 모두를 위한 비건·재활용 패딩 '대세'", 한겨레, 2021.11.11.
- "WHAT'S IN YOUR BLANKET OR COAT?", FOUR PAWS, 2020.5.13.
- 이형주 동물복지문제연구소 어웨어 대표, "'평창 롱패딩' 열풍 속 떠오르는 슬픈 이면", 한국일보, 2017.11.29.
- 최승호, "미국은 녹조로 사상 최대 댐 철거, 한국은 보 철거 뒤집는 중", 뉴스타파, 2023.1.5.
- 김규현, "수돗물에서 녹조 독성물질이 나왔는데 문제없다고요?", 한겨레, 2022.8.1.

논문, 보고서, 기타

- FAO, 〈Land use statistics and indicators statistics. Global, regional and country trends 1990-2019〉, FAOSTAT Analytical Brief Series No 28. Rome, 2021.
- FAO, "Land use in agriculture by the numbers", 2020.5.7.
- 한국시멘트협회, 〈2020 한국의 시멘트산업 통계〉, 2021.

감나무 단풍이 아름다운 가을

책

- 이정록, 《벌레의 집은 아늑하다》, 문학동네, 2004.
- 순천시, 토종씨드림, 《엄니 씨가시-순천시 토종 씨앗 기록집》
- 피터 프링글 저, 서순승 역, 《바빌로프》, 아카이브, 2011.

• 캐리 파울러 저, 마리 테프레 사진, 허형은 역, 《세계의 끝 씨앗 창고》, 마농지, 2021.
• 이의철, 《기후미식》, 위즈덤하우스, 2022.
• 찰스 로버트 다윈 저, 최훈근 역, 《지렁이의 활동과 분변토의 형성》, 지식을만드는지식(지만지), 2014.

영화
• 얀 아르튀스-베르트랑, 마이클 피티오, 〈테라Tera〉, 2017.

기사, 웹
• 황금비, "도토리 줍지 마세요, 다람쥐에 양보하세요~", 한겨레, 2018.9.13.
• 조홍섭, "풍뎅이가 무지갯빛 광택을 띠는 이유", 한겨레, 2020.02.03.
• UNIVERSITY OF BRISTOL, "Brilliant iridescence can conceal as well as attract", EurekAlert!, 2020.1.23.
• 오태인, "긴 장마에 태풍에 "감 떨어졌어요"…한숨 깊어진 곶감 농가", YTN, 2020.11.2.
• 나명옥, "2027년까지 식량자급률 55.5% 달성…밀 8.0%, 콩 43.5% 목표", 식품저널, 2022.12.22.
• 박응서, "한반도는 콩의 고향!", The Science Times, 2016.1.21.
• https://www.fortunebusinessinsights.com/industry-reports/seed-treatment-market-100156
• https://www.verifiedmarketresearch.com/product/fertilizer-and-pesticide-market/
• Grace Yuan, "Top 10 global agricultural highlights of 2022 | Exploring countermeasures and opportunities, capturing new growth areas", AgNews, 2023.3.10.
• 유엔식량농업기구(FAO) 사이트(https://www.fao.org/faostat/en/#home)
• 이아름, "환경부가 '소똥구리 5000만원어치 삽니다' 공고 낸 이유는?", 경향신문, 2017.12.8.
• 영국 지렁이협회 사이트(https://www.earthwormsoc.org.uk/worldwormday)
• 박기원, "유명세에 몸살 '창원 팽나무'…'수호신 보호해 주세요'", KBS NEWS, 2022.8.6.
• 한상욱, "하제마을 팽나무의 외침 '나를 지켜주세요'", 오마이뉴스, 2022.3.29.
• 강찬수, "4조원 투입에도 새만금 호수 수질은 최악…해수 유통 확대해야", 중앙일보, 2019.8.13.
• 천인성, "엄마와 딸, 지구상 둘뿐인 북부흰코뿔소…자식 볼 묘책 찾았다", 중앙일보, 2022.12.12.
• "[ABU 세계 창] '상아 시장 큰손' 중국, 상아 거래 금지", KBS NEWS, 2017.1.4.

논문, 보고서, 기타
• 권윤경, 박선엽, 〈우리나라 봄철 서리 현상과 봄꽃 개화일의 시공간적 변화 경향 분석〉, 국토지리학회지 제56권 3호, 2022(163~175).

야생의 생명과 연대하는 겨울

책

• 크리스 조던 저, 인디고 서원 역, 《크리스 조던》, 인디고 서원, 2019.

• 티모시 비클리 저, 김숲 역, 《도시를 바꾸는 새》, 원더박스, 2022.

기사, 웹

• 허현호, "농작물 피해에 '기러기 사냥'…'보호종 도래지인데'", MBC 뉴스, 2023. 1. 29.

• 백인환, "몽골로 갔던 '고성이'와 '몽골이' 건강하게 귀환", 굿모닝충청, 2021. 12. 9.

• 송인걸, "'철새도 살아야죠, AI 예방도 되고' 천수만 간척지 먹이 나누기", 한겨레, 2023. 1. 4.

• 이혜리, "겨울 이동하지 않는 철새 늘어", YTN 사이언스, 2016. 1. 26.

• 강병진, "인간 때문에 바뀌는 '철새'들의 이동 트렌드", HUFFPOST, 2016. 1. 25.

• 김수진, "철새, 인간 주변 쓰레기 먹고 텃새 되기도", 연합뉴스, 2016. 1. 25.

• 캐나다 flap 사이트(https://flap.org/)

• 새덕후 Korean Birder, "고양이만 소중한 전국의 캣맘 대디 동물보호단체분들에게", 유튜브(https://www.youtube.com/watch?v=Fg_GAC8ppHs)

• 이재훈, "작년 한국인 '1인당 명품소비' 세계 1위 모건스탠리", MBC 뉴스, 2023. 1. 13.

• 김은형, "어른 김장하 '갚아야 한다고 생각하면 이 사회에 갚아라'", 한겨레, 2023. 1. 20.

논문, 보고서, 기타

• 국립생태원, 〈2021년 야생조류 유리창 충돌 시민 참여 조사 지침서〉, 2021.

사계절 기억책

2023년 05월 25일 초판 01쇄 발행
2023년 12월 05일 초판 03쇄 발행

지은이 최원형

발행인 이규상 편집인 임현숙
편집팀장 김은영 책임편집 강정민
기획편집팀 문지연 강정민 정윤정
마케팅팀 이순복 강소희 이채영 김희진
디자인팀 최희민 두형주 회계팀 김하나

펴낸곳 (주)백도씨
출판등록 제2012-000170호(2007년 6월 22일)
주소 03044 서울시 종로구 효자로7길 23 3층(통의동 7-33)
전화 02 3443 0311(편집) 02 3012 0117(마케팅) 팩스 02 3012 3010
이메일 book@100doci.com(편집·원고 투고) valva@100doci.com(유통·사업 제휴)
포스트 post.naver.com/black-fish 블로그 blog.naver.com/black-fish
인스타그램 @blackfish_book

ISBN 978-89-6833-432-0 03400